启迪

风景园林大师西蒙兹考察笔记

[美] 约翰·奥姆斯比·西蒙兹　著

方　薇　王　欣　编译

中国建筑工业出版社

著作权合同登记图字：01-2009-2713 号

图书在版编目（CIP）数据

启迪：风景园林大师西蒙兹考察笔记/（美）西蒙兹著；方薇，王欣编译.
北京：中国建筑工业出版社，2009（2023.4 重印）
ISBN 978-7-112-11491-7

Ⅰ. 启… Ⅱ.①西…②方…③王… Ⅲ. 园林设计-文集 Ⅳ. TU986.2-53

中国版本图书馆 CIP 数据核字（2009）第 188248 号

Lessons

Copyright ⓒ 2001 by John O. Simonds

Translation copyright ⓒ 2009 China Architecture & Building Press

责任编辑：吴宇江　率　琦
责任设计：郑秋菊
责任校对：袁艳玲　刘　钰

启　迪
风景园林大师西蒙兹考察笔记
[美] 约翰·奥姆斯比·西蒙兹　著
方　薇　王　欣　编译

*

中国建筑工业出版社出版、发行（北京海淀三里河路9号）
各地新华书店、建筑书店经销
北京雅盈中佳图文设计公司制版
北京市密东印刷有限公司印刷

*

开本：850×1168 毫米　1/32　印张：4½　字数：130 千字
2010 年 1 月第一版　　2023 年 4 月第十二次印刷
定价：**25.00** 元
ISBN 978-7-112-11491-7
　　　（35482）

约翰·奥姆斯比·西蒙兹（1913~2005）

摄影：Maqqi Townley

《启迪》是一位洞察敏锐的观察者在游历中所得人生体验的集成。每一件轶事只有简短的几页，但是都富含深意，让人回味无穷，难以释怀。

　　本书作者约翰·奥姆斯比·西蒙兹是举世闻名的风景园林、环境规划领域的教育家、作家和设计大师。他从许许多多有关建筑、规划及风景园林的讲稿中精心挑选了这些大放异彩的小文章，它们表达了作者保护地球的哲学思想。相信读者们一定会喜欢这本小书，并因此扩大知识面——或许还能稍稍开阔视野。

作者自序

　　许多地方都在发生变化，尤其是在这最近 60 年。我初次去英属婆罗洲①的哥达基纳巴卢时，它的名字叫亚庇。那是一个小小的港口，每星期一次班轮，卸下给养，装走生橡胶。港口后面的礁湖是我叉鱼、探险的自由天地。晚上，我躺在讯号山上的草丛里，面对的只有大海和灌木，静静地看着成千上万的果蝠，或者叫"飞天狐狸"，像旋转的黑云一般从近海处加雅娜岛的各个洞穴里飞出来，越过我的头顶，似乎空气也因此而颤动起来。现在这座山上建满了公寓楼，礁湖周围也都是住宅区了。

　　北平也改名了——从我第一次去开始算已经改了两次。古老的护城河已然消失，一起消失的还有雄伟的鼓楼和响亮的鼓声。紫禁城也是如此，早已失去了昔日的皇家荣耀，不过它依然金碧辉煌。紫禁城外的道路上，汽车的数量比推着手推车、摇着叮当作响的铃铛沿街叫卖的小贩还要多。

　　时间飞逝，环境变迁，各个地域和城市在不断变化，但那份记忆依然鲜活，时时浮现在我的脑海。《启迪》也是如此：我从这些经历中获得了很多生活和工作的启迪，于是把它记录下来和读者分享，希望读者能和我一样从中获得教益。

＊　　＊　　＊

献给玛嘉丽。她使我明白瑟伯说过的话——每位成功男人的前面，而不是背后，总有一位女人。

约翰·奥姆斯比·西蒙兹

---

　　①　婆罗洲（Borneo）：东南亚加里曼丹岛的旧称。

中文版序

1933 年，20 岁的约翰·西蒙兹开始了环游世界之行。他的第一站是婆罗洲，因为他希望能在那儿找到一份临时的工作。海轮在中国的上海和香港稍作停留，那时，他就知道自己会再去中国。

他的确去了。1939 年，在哈佛念完大学后，他和朋友兼同事莱斯特·柯林斯一起，带着介绍信，再次去了中国，向这个幅员辽阔、欣欣向荣的国家学习她悠久的传统和灿烂的文化。有人告诉他，在不久的将来，中国需要风景园林师来开发无尽的资源和呵护这片美丽的土地。

他真心希望能有机会为中国的园林事业效力。1942 年，在我们结婚前，他问我，"如果我去中国，你愿意跟我一起去吗?" 我的回答是，"愿意"。

尽管在后来的 60 多年里，这个愿望一直没有实现，但他的思想和理念已经传播到了中国——如他所希望的那样——《启迪》中文版正是一个很好的桥梁。

借着此书的出版，约翰·西蒙兹又来到了中国——而我，也和他一起。我们相视而笑。

玛嘉丽·西蒙兹

2009 年 9 月于匹兹堡家中

目 录

元首 ……… 8

浇灌苔藓 ……… 10

记忆中的契马布埃 ……… 12

巫医 ……… 15

蒂芭，小蒂芭 ……… 17

狮城新加坡 ……… 18

科巴港 ……… 22

眼见不等于领悟 ……… 23

乔·科劳姆博酒吧 ……… 26

剥皮刀 ……… 28

旋转轴上的将军 ……… 30

发动机工作室 ……… 33

金谷信君 ……… 35

格罗皮乌斯和禅宗精神 ……… 38

石墙 ……… 41

和格鲁大使共享薄煎饼 ……… 43

怒潮 ……… 46

德高望重的李建筑师 ……… 47

风铃 ……… 50

慷慨的茂物 ……… 51

爱与英勇之城 ……… 54

驯风记 ……… 56

群魔乱舞 ……… 58

森林山脉 ……… 61

埃迪 ……… 63

柠檬汁 ……… 65

把酒闲谈 ……… 67

天空之城 ……… 70

宾夕法尼亚的谷仓 ……… 73

斯德哥尔摩方式 ……… 76

西贝柳斯 ……… 79

加力索之乡 ……… 81

丹麦二日 ……… 84

费尔芒 ……… 87

岁月如歌，人生如梦 ……… 88

萨勒姆平原 ……… 91

扇动的翅膀 ……… 94

吉维尼 ……… 98

亨利王子 ……… 99

牧草之歌 ……… 101

附录1 岛屿天堂的自我毁灭 … 105

附录2 韩国风景批评与赏析 … 114

附录3 美国当代风景园林大师约翰·奥姆斯比·西蒙兹 ……… 117

附录4 约翰·奥姆斯比·西蒙兹年谱及主要规划设计作品 ……… 129

附录5 名家评《启迪》 ……… 137

编译后记 ……… 139

元　首

在意大利北部艰难地骑了两个月的自行车后，我终于在一个午后骑进了罗马，停在古罗马圆形剧场的喷泉庭院中。这时候的我又热、又渴、又脏，于是把车停好，走向喷溅着水花、布满雕塑的庭院中央。周围都是卖花人，大部分是穿着黑衣服上了年纪的老太太。我喝了点冷水并在喷泉中浸了浸脑袋，抬头一看，正好看见水池那边一双黑色的眼睛和一张我所见过的最美丽的脸。只此一眼——哎呀——我就爱上她了。可我太害羞，只是停顿了一下，笑了笑，就骑车离开了。

第二天下午的同样时间，我返回喷泉，那个女孩——玛丽亚正在那儿。她是其中一个卖花人的女儿，她连说带比划一点一点地让我明白了她代表全家请我去吃晚饭。我鼓起勇气接受了邀请，于是，我、她、她母亲三个人就一起走向他们在顶楼的公寓房。她的父亲是个理发师，很快也进来了。他在布鲁克林呆过几年，说一口流利的布鲁克林当地话，这让我们的交流顺利了许多。

我们吃完了意大利面食，边吃水果边喝酒聊天，突然有人重重地敲门。"是卡洛斯，我儿子"，玛丽亚父亲说道。一个士兵模样的壮汉大踏步地走进来。他把插了公鸡毛的头盔脱下来 "呼"的一声甩到桌上，然后用拇指指着我。

"玛丽亚的朋友。"理发师父亲向他介绍。

卡洛斯拿起一壶基安蒂红酒，倒了满满一杯，用一种不太满意的目光上下打量我。他父亲在一旁解释说卡洛斯在墨索里尼的宫殿门口做守卫。喝了点酒后，他变得健谈起来。

"今天早上"，卡洛斯说道："有个外交官来觐见元首。这个人想做驻埃塞俄比亚大使，而我们早已接到命令知道该怎么做。他从那辆黑色豪华轿车出来后，我就挥手让车开走，让他站在烈日下。他向门口走来，一边敲着手杖，我假装没看见。过了一会儿，我觉得他晒得够久了，这才走过去打开了通向前厅的门。然后我就在前厅里立正站好，一边观察他。刚开始这个家伙站着等，很久还是没等到召见的命令。过了一会儿，他决定坐下。要知道，整个大厅刚刚用白色大理石装修过，长凳也被打磨得像玻璃一样光滑。长凳没有靠着墙放，是前后凌空的；那个座位呢，真的很窄，凳面是往下弯而不是向上突起的。这个家伙刚坐下就开始往下滑，两只鞋子在白色的大理石地板上划出两道黑印。接着，他的帽子和手套掉了，手杖也掉了。他还正在用一块大丝绸手帕擦脸呢，我就打开了通向元首会议室的门。这家伙从我身边走过的时候，那眼神简直是想把我杀了，不过我知道过一会儿他就不是这样想的了。"

卡洛斯继续说道："元首是在宫殿的一个旧舞厅里接见客人的。这个大厅有一个足球馆那么大，高度是足球馆的一半。家具都被搬了出去，里面空荡荡的，只有四面墙和打磨得很光亮的地板，在大厅远远的那一边有一大张雕花办公桌，仅此而已。元首就坐在办公桌前，他身后是耀眼的太阳光，照得你眼睛都睁不开。他总是这样只在早晨坐在那儿，这样你一进门就只看到在一片光芒中有张大书桌，书桌的后面坐着一个人。"

"这家伙进门后就这样往前走，走了很长一段路。他进来时有 6 英尺高，但走到元首的书桌前时，也许觉得自己只有 3 英尺高了。他只能站在那儿，凝视着那耀眼的阳光。然后，元首好像从未见过他似的抬起头来说：'你想要什么？'半小时前，这可怜的家伙还想当大使，可现在他想做的就是尽快出去。"

"元首是个残忍的人！知道他做的事了吧？让一个傲慢的人到跟前，不动一个小指头就把他打倒，这就是他的工作方式。他总是这样，对很多人都这样。往往我们就再也见不着这些人了。"

作者注：

据史料记载，不久后墨索里尼为了躲避本国的敌人而出逃了。但他在科摩湖附近被抓住了，从阳台上倒挂下来，浑身被枪射得像个马蜂窝。毫无疑问他是罪有应得的，与他同时代的人鲜有几个落得如此惨败的下场。

从理发师的儿子、玛丽亚的兄弟——卡洛斯的话里我们能学到什么呢？我想，也许我们可以设问：如果可能的话（正如我们所见到的），我们可以设计出侮辱、不安甚至是折磨的体验，那么难道我们就不能创造出舒适、激励、愉悦与快乐的体验吗？作为设计师，我们无论在设计实用性还是娱乐性的场所、空间以及设施时都必须明白这一点。事实上，这就是设计的本质。

设计师设计的不是场所、空间，也不是设施——他设计的是体验。

浇灌苔藓

从随身携带的地图上看，朗特别墅①就在眼前了，但要在晚饭前甚至在睡觉前骑车赶到仍然希望渺茫。于是我在路边的一家看上去不起眼但很舒适的小旅店歇了下来。

晚饭摆在厨房平炉前的一张长木桌上，旅店主人一家——老板、老板娘、两个孩子及老祖父——和为数不多的客人们一起吃饭。主人通常坐在桌子的另一头，他们会拿出几个橘子、一块楔形的乳酪和一瓶冒泡的莫斯卡托②葡萄酒和客人们一块分享。早晨，我们在厨房外露台的葡萄架下吃早餐，葡萄架上沉甸甸地挂满了葡萄。在天气炎热的夏天，一大清早就需要躲在荫凉处。我一边喝着拿铁咖啡，吃着现烤的面包，品尝着香甜的黄油和蜂蜜，一边四下环顾着围墙内的庭院。葡萄架下有一条石子路，通向一座在阳光下闪烁发光的喷泉。喷泉四周是一盆盆鲜红的天竺葵。庭院内铺满了大大小小的鹅卵石，使院子看上去非常平整。院子里还有一棵多节的大无花果树，在人们头顶高高地撑起了一片巨伞般的绿荫。

我身后的厨房纱门被打开了，一个佝偻着背的身影跃入眼帘，那是旅店主人白发苍苍的老祖父。只见他拎着一个长嘴的洒水壶向喷水池走去，把水壶浸入水池中，灌满水，然后给水池周围的天竺葵浇水，并洒扫卵石地面。接着又去灌水，浇灌院中的那棵古树。他尽可能地伸长胳膊，将水往树干上浇。他小心翼翼地浇着那几片附在树瘤上红红绿绿的苔藓，一边还弯下腰去仔细观察。浇完后转身回到厨房，经过我身边时，他指着那棵树，嘴里嘟哝着说："长得好呀，长得好呀。"很快他又回来了，手里拿着一张三脚矮凳。老人把矮凳放在无花果树的树干旁，以便更好地观察和研究这些苔藓的颜色。我结了帐，走过厨房门去向他道别。老人抬起头来，笑了笑，也冲我挥手告别。老板娘进来了，站在我边上，用围裙擦着手。她一边微笑一边朝老人点头，"这是他的花园，他

---

① 朗特别墅（Villa Lante）：著名 16 世纪中意大利文艺复兴时期园林，在罗马以北 96 公里的巴尼亚亚。

② 莫斯卡托（Muscato）：意大利产的一种麝香葡萄酒。

心灵的归宿",她随口说了一句。

我沿大路骑着自行车,心里渴盼着快点见到那宏伟华丽的朗特别墅,那是由伟大的维格诺拉在文艺复兴鼎盛时期设计的知名花园别墅。但骑着骑着,我不由得想起那家小旅店——厨房灶膛里柴火的光芒、餐桌前的闲聊、笑声、葡萄酒的泡沫和甘美、清晨咖啡的芬芳、烤面包的清香以及那位老人浇灌无花果树干上苔藓时的愉悦。

如果能够学会品味日常生活中的点点滴滴,我们就会发现其中蕴藏着极大的乐趣。

记忆中的契马布埃①

　　著名的荷兰历史学家亨德里克·范·卢恩曾经写过一本书，名为《论艺术》。该书重达5磅，涵盖了有关艺术的所有内容，是一部具有历史意义的作品。他写得太累了，于是去法国地中海蓝色海岸度假。当他把脚伸进温暖、白皙的沙子时，突然觉得他作品的要点完全可以压缩成薄薄的几页纸，于是赶紧动手写了一本超薄版。他给这个版本简单地命名为《赏画法》。中心思想是：要理解、欣赏一幅画或任何诸如此类的艺术品，应该尽可能多地了解该艺术品产生的背景，这对理解艺术作品是很有益的。比如说：这位艺术家是谁？他（她）想表达的是什么？他年轻与否，知名与否？他的保护人是谁？同时期的艺术家有哪些？使用的是什么材料、什么技巧？住哪儿？一生中经历了什么重大事件？当时在别的行业还发生了什么事件，比如建筑界、音乐界、文学界、政府部门以及宗教界？是在和平年代还是战争年代进行创作的（比方说，如果有人不了解画面中那恐惧的眼神，因痛苦而发出撕心裂肺尖叫的背后隐藏的原因，那么他怎么能理解毕加索的名画《格尔尼卡》②呢）？

　　当时我正在意大利乌菲兹美术馆——佛罗伦萨绘画及雕塑的宝藏——努力地欣赏着那些艺术珍品。我出生在偏远的北达科他州，父亲是一位牧师，所以我在童年时代鲜有社交机会。站在艺术珍品前，我对该看些什么一无所知。于是就从那些略有所知的雕塑作品诸如《足中有刺的少年》及《摔跤者》开始看，一直看到众所周知的《维纳斯的诞生》等等。找到这些作品后，我就在带有插图的旅行指南上打勾，表示已见过这些著名的艺术品。

　　转过一个拐角后，映入眼帘的是一幅小画，看上去没名没派的。这幅画黑漆漆的，很呆板，画中的人物也显得很笨拙，好像是谁的小妹妹在所有亮丽的水彩都用完后画的。我冲着那幅画做了个鬼脸，刚打算转身走开时，一位站在

---

　　①　契马布埃（Cimabue）（1240？~1302？）：意大利佛罗伦萨最早的画家之一，其作品从拜占庭风格向空间意识和立体形象过渡，作有《四福音圣徒像》等。

　　②　格尔尼卡（Guernica）：毕加索创作的世界反战名画《格尔尼卡》，描述了1931年德国轰炸机对西班牙北部小镇格尔尼卡平民的大屠杀。

附近、模样很和善的男士示意我走回去。他一定是看见了我刚才做的鬼脸，因为他说："我发现你不喜欢它。"他又接着说，"这是我的邻居契马布埃画的一幅非常珍贵、非常重要的作品。"

"邻居?"我问道。"呃，"这位热心人答道，"他过去住在佛罗伦萨和我只有几扇门距离的地方，不过那已经是700年前的事情了。"我再一次打量那幅画，他在一边继续说道："契马布埃最初是个为教堂安装玻璃的玻璃工。据说有一天他把工具放在一边，津津有味地品尝午餐，有面包、奶酪和酒。那天他很高兴地发现食品篮里有一个生鸡蛋，原想把它打到盛有柠檬汁的勺里，然后整个吞下。但谁曾想，鸡蛋敲破后，它没有落在勺里而是掉在了地板上。当时地板上都是玻璃碎末，蛋清蔓延开来，形成了一抹抹的色彩。契马布埃随手拿了片木板，用棍子蘸着这一抹抹色彩在木板光洁处画了个有光晕的天使，翅膀展开着。"

"为什么是个天使呢? 因为中世纪烽火连天、瘟疫肆虐，人们的生活非常艰辛，许多人很年轻就夭亡了，所以每个人心中都渴盼着来生、天堂以及天使。"

"契马布埃把木板拿到外面，靠在店铺的墙上让太阳把它晒干，然后就转身回到玻璃切割凳前。不久，他听见外面有骚乱声，并且有人在喊，'快来看，快来看! 契马布埃逮着个天使!'一大群邻居聚拢过来，惊叹眼前出现的奇迹。他们拿着那块木板，举得高高的，穿过大街小巷，一直到圣母玛丽亚圣坛前，那儿已经自发地聚集了很多人。后来，契马布埃画的第一个天使遗失了，但他又画出了一大批天使，就像这个圣坛后壁装饰画中的天使。他对人体解剖学知之甚少，因此人物形象僵硬，就好像从玻璃中刻出来似的。但你看看圣母脸上那种慈爱的表情，还有圣婴脸上闪耀的光芒⋯⋯"

"这就是佛罗伦萨绘画艺术的起源。契马布埃是意大利最早的真正画家之一。他的学生乔托①学会使用真人做模特，摒弃了老师作品中呆板的对称手法。去隔壁房间看看乔托的圣母像吧。他画的圣母圣子要栩栩如生得多，色彩也更丰富。然后再往前走，去看看比乔托晚两个世纪的菲利坡·利比修士②画的圣母圣

---

① 乔托（Giotto，1267~1337）：意大利文艺复兴初期画家、雕塑家和建筑师，突破中世纪艺术传统，创造了叙事性构图并深入刻画人物心理的绘画风格，代表作是：《犹大之吻》和《哀悼基督》。

② 菲利坡·利比修士（Fra Filippo Lippi，1406?~1469）：意大利文艺复兴早期佛罗伦萨画派画家，画风清晰明朗，擅长画圣母圣子，著名作品有《圣母领报》、波拉托主教堂壁画等。

子像。他的创作风格完全是自由的，而且他创造的形象极其逼真，人们简直能听见他们的呼吸。圣母的形象是以一位美丽的女修道院见习修女——露克利西娅·卜悌为模特的。不久后她与这位年轻的修士画家私奔了，并为他生了个儿子，名叫菲利皮诺①——也是一位杰出的画家。菲利坡·利比修士和菲利皮诺·利比之后又出现了诸如吉兰达约②、达·芬奇、拉斐尔及米开朗琪罗这样的顶尖级艺术大师。但如果没有契马布埃的开创先河之举，就不会有壮丽辉煌的西斯廷教堂壁画，甚至可能也不会有圣母怜子图了。"

在首次佛罗伦萨旅行的过程中，我不止一次返回乌菲兹美术馆，每次去都先在契马布埃的圣坛背壁装饰画前停留一会，然后再去欣赏我的新朋友们——乔托、菲利坡·利比修士等人的作品。他们一定给我留下了深刻的印象，因为后来发现，有了这份新爱好，我竟然忘记在旅行指南的图片上打勾了。

若要充分欣赏一件艺术作品，首先必须了解创作该作品的艺术家、创作时代、创作地点以及创作环境。

---

① 菲利皮诺·利比（Filippino Lippi，1457？~1504）：意大利文艺复兴早期佛罗伦萨画派画家，Fra Filippo Lippi 之子，著名作品有《多比的历程》、祭坛画《向圣柏那德显圣》等。

② 吉兰达约（Ghirlandaio，1449~1494）：文艺复兴初期的佛罗伦萨画家，米开朗琪罗的老师。擅长画有故事情节和大量人物的大型湿壁画，曾为梵蒂冈西斯廷礼拜堂作画。主要作品有《老人和孙子》等。

巫 医

我们蹲在卡拉瓦（当时的英属北婆罗洲）附近一个巫医的茅屋里，看着她把散发着恶臭的药膏涂在我小腿骨的伤口上，然后用一种药材树木的柔软内层树皮将伤口绑好，接着滴了几滴融化的树胶在绷带上，固定好绷带的位置。我曾向向导萨布兰尼建议回到海滨，去政府医疗所包扎伤口。但他在听说了那位巫医的高明医术后就坚持要带我来这里，于是我就接受了这样的治疗。几天后，我们到了海滨，原本疼痛的腿已经麻木。我惶惶不安地去了诊所，医生打开绷带，用棉球洗去那堆乱糟糟的东西。他吹了声口哨表示赞叹，因为伤口愈合得非常完好。

"那些巫医老怪物，"他说，"有一堆根啊、叶子啊还有混调起来的东西，把我诊所里的药物都比下去了。在她们的'素拉'（吊脚楼）周围专门有空地用来种'禁忌'植物。在丛林里也有很多这样的植物，巫医们把刻有'蓬亚'（'唯我独用'）的棍子插在边上，表示除了她们自己谁都不能碰。"

"只有在治疗热带霉疹上，"医生接着说，"我才有优势。热带霉疹的症状和麻风病很像——脸和手会烂掉。维生素片可以治疗这个病。从人道主义的角度来说，我本来应该把维生素片给那些巫医们，但如果那样的话我就把唯一的优势给丢了。再说了，她们他妈的一丁点儿东西都不给我。"

几周后，在我离开婆罗洲的时候，我和常驻北海岸的总督马克斯韦尔·豪坐在渡船的餐桌边。我告诉了他我的经历。

他回答说，"那些'巫医老太太'，这是你的叫法，——也许叫她们'部落女祭司'更好点——其实是智慧的宝库，代表着丛林部落长久以来积累的知识。我曾经和她们交谈过，并学会了尊重她们。他们每个部落（村落）都有头领，领导大家征战和狩猎。而宗教领袖掌控着其他一切大小事物，不仅仅是驱邪、符咒和治病。每天早晨，她们都要出门去解读征兆，警告大家有暴风雨，或者指出狩猎地点，又或者告诉大家哪里能采集到最好的植物根茎、坚果和果实。当稻田老化、吊脚楼由于腐烂或者虫蚁侵咬而下陷时，也是由宗教领袖来选取新的村址。听说她们会因此翻山越岭，穿越森林，和岩石、泉水、树木、走兽以及飞禽甚至昆虫的精灵交谈。据说她们会问许多问题，只有当答案正确时，她们才会确定下居住地点。"

"我相信这些是真的，"马克斯韦尔·豪继续说道。"而且，我认为这种做法是明智的。我觉得自己甚至知道其中的一些问题是如何问的。"

对那些能够读懂自然语言的人来说，自然王国就像一本翻开的书。

蒂芭，小蒂芭

我很难想出还有哪些人，像我年轻时在北婆罗洲海岸见过的那些人一样快乐。他们是自然之子，不但热爱赖以生存的大自然，而且日常生活无一不遵从自然法则，年复一年，日复一日。

比如伊斯特罗一家，他们居住在海湾角落散乱的吊脚楼茅屋里，家里男男女女、老老少少，有十数人之多。黎明时分，男性成员准备捕鱼网和捕蟹工具，女性成员则准备丰盛的早餐——有番木瓜、芒果和柚子；有大盘的蛋和面包果；有烤鸽子或烤鱼和切成薄片的野猪腰肉制成的火腿。还有面糊饼、野蜂蜜和用葫芦盛的满满的羊奶。

凉爽的早晨是干活的好时机——修补船只、建造新的舷外支架、修补舷梯及桅杆、打扫房子、洗衣服、熨衣服、烤肉等。炎热的正午用来午休。如果是雨天就缝补帆和网。夜幕降临后，男人们划着小船，在月光粼粼的礁湖里用渔叉叉海龟或比目鱼。月圆的晚上去猎鹿，回来后用咖喱做成美味；有时候他们也会去暗礁周围捕捞遮目鱼或在浅滩捕捉马鲛鱼。

那天，伊斯特罗和几个儿子正在海上航行，到外围的一个小岛去猎野猪。晴空万里，微风轻拂，他们全速前进。突然风转向了，改从船后侧往前吹；渐渐地，风停了。伊斯特罗坐在船尾，眺望了一下地平线，对大儿子说："西瓦尔，西瓦尔！我们得回去了。""为什么啊？"

"你看，"伊斯特罗说，"现在海上没有波澜，天空转成褐色，乌云压下来快接近我们了；海鸟一边叫一边打转转。我看肯定会有一场暴风雨。"

雾气迷蒙的清晨，一个猎人蹲在河岸边，旁边站着他的小女儿。他们在看基拿巴鲁火山，火山口在薄雾中隐隐绰绰。猎人指着山顶的一片乌云，对女儿说："蒂芭，小蒂芭，你看那边，乌云要盖住山顶了。马上就会刮风下大雨。水会从山谷上冲下来，河水要涨起来了。你今天不要去河边，就在家和妈妈玩好了。"

在岛上，很显然，一个人的生活方式越接近自然之道，就会生活得越好。其实这个道理不仅仅适用于岛屿生活……

狮城新加坡

　　新加坡之行的第一天是不平凡的一天。姆鲁杜号轮船驶过亚庇和文莱，缓慢地开进海港，在如林的各国旗杆中，我看到了祖国的星条旗。未出过远门的人是很难理解游子看到自己国家旗帜时那份激动的心情的。

　　我精神不佳，远离好友，在婆罗洲的美好时光也一去不复返了，这些都使我感到郁闷。更令我沮丧的是：在英属北婆罗洲木材公司上班的事成为泡影。因为我在合同中看到之前未曾提及的部分：员工必须在婆罗洲住满三年。现在我身无分文，急需找份工作，看见了美国货船，满心希望能在船上找份船员的工作。

　　一上岸，我就赶到停泊美国货船的码头，要求见见船上的负责人。由于没有通行证，他们不让我上船，并且说，没有海员证就不能在船上工作。当我正要转身离去时，三个着装整齐的海员"嗵嗵嗵"地从跳板上下来，还拎着鼓鼓的水手袋。他们很快和岸边的人力车夫吵了起来，那些车夫声称水果市场离这里很远，要价很高。我恰恰曾经去过那里，知道其实就在附近。我走过去平息了这场争吵，并把车价压了下来。这些海员向我表示感谢，问我从哪里学来的当地话。"在婆罗洲，"我告诉他们。

　　"嗨，婆罗洲小伙子，"领头的那个说，"我们待会儿要去买一箱水果带回船上，你帮我们去还还价啊，反正你会说他们的话。"

　　他们拿着的袋子里装的是从船上拿下来的香皂和洗衣皂——很多连包装都没拆开。他们说在码头上这比钱还管用。接下来我们用这些香皂和洗衣皂交换到了两个柳条大篮、一个草编篮子，还有各种水果——有菠萝、芒果、柑橘、荔枝，还有好几种香蕉——三个篮子都被装得满满的。我们把两个柳条篮寄存在码头，再次出发，边走边吃着草编篮里的水果。

　　"现在去哪儿？"我问。

　　"去灯笼巷，"他们说，"最好的灯笼巷在元町。"

　　这大大出乎我的意料，令我想起在兰辛看的电影中的场景，于是决定跟他们一起去但在外面等着。那些"女孩"站在街巷口处，等待客人的光临。不一会儿，我被"美女们"包围了，她们都想引起我的兴趣。然而当我从篮子里拿出水果递给她们的时候，却没有一个人肯接。直到我告诉她们这只是一份礼物而没有别的意思，她们才围了过来，随意地吃着，互相扔橘子皮、香蕉皮。我的水手朋友们出来了，女孩们又把橘子皮、香蕉皮扔向他们。回到码头后，水手们扛着柳条大篮子"嗵嗵嗵"地走上跳板，隔着栏杆向我挥手告别。我返回候船室，在那里的长椅上过了一夜。翌日清晨，那艘货船起航了。

第二天，我到各种货船上找工作，但每次都不尽如人意。傍晚时分，偶然经过一间办公室，看到门上的标牌写着："美国贸易专员"。用我外祖母的话说，碰到这样的巧事完全是上帝的安排。我记得在校图书馆借有关东方的书籍时，管理员告诉我她不久后将前往新加坡，与一位贸易专员结婚。原来坐在办公室里的真的就是那位贸易专员。他给妻子打电话，把我的情况告诉了她。她就邀请我去家里吃晚饭。我和贸易专员一起到达他家，发现那里已经有了其他几位客人，一个个身着晚礼服或西装，而我当时就穿了件 T 恤。贸易专员的妻子热情地欢迎我，并找出一件她丈夫的挺好白色上衣给我穿（这件 4 号的衣服对我来说太大了）。

吃完美味的咖喱菜肴，饭桌上关于新加坡的谈话变得沉重起来，这是因为谈到早期航运的缘故。航运兴起后，出现了一个深水港——最初这里只是一个海盗窝，海盗在这个位于中国南海十字路口布满沼泽的小岛上出没。后来这个小岛有了名字，这还源于一次错误，不知是哪一位船长在把那小岛载入航海地图时，误写成"新加坡"或"狮城"。

"新加坡没有狮子，从来没有过，"一位客人说道，"那位船长在岛上看到的一定是老虎逃走的背影，他分不清老虎和狮子。"

"其实他们应称这个小岛为'罪恶之岛'，"另一位客人说，"它是世界上最邪恶的岛，甚过澳门。"

"澳门、新加坡一带的海盗从来没有被肃清过。这些海盗躲在内河、溪流或滨水码头的小船里，有些躲在地窖里或西河岸，就像蝎子、跳蚤一样。"

"我说更像老鼠和蟑螂才对，"一位客人说，"躲在阴暗潮湿的地方。"

"不要过分相信这里的环境，"另一位客人说，"即使在旅游区域，也存在着这样一类人。他们仅仅为了一块鸦片或是为了守住地盘，就敢在光天化日之下把人拖进巷子中，划破喉咙。"

我和女主人在花园里交谈，她很感兴趣地询问了我的经历，随后借故离开。回来的时候她递给我一张从她丈夫那里拿来的便条，写给多拉莱汽船公司的当地负责人。第二天，我拿着便条去找那位负责人，他为我在下一班开往欧洲的货轮上安排了一个"普通海员"的职位。货轮将在一周后出发。

我的行李及物品放在婆罗洲行李寄存处，如果没有足够的钱就领不出来。这本来应该没有问题，因为家里会通过美国快递公司给我寄支票。我一直没有收到支票，这才意识到忘了告诉父母应该寄往哪座城市的哪家美国快递公司——甚至连哪个国家都忘了说。我把帆布背包里的东西全倒了出来，翻出为数不多的几个硬币，这就是我接下来一个星期的饭钱了。我从中先拿出一个25美分的硬币"以备不时之需"，然后把剩下的分成七份。这每一份的钱在体面点的餐馆里哪怕买一个面包都是不可能的。但我想起在码头上有个小摊，摊主是个胖胖的中国人。他把米饭和汤盛在碗里，卖给中国码头工人，一碗只要几个硬币。他的摊前总是很挤，我拿着碗和一杯绿茶，用胳膊肘使劲挤，终于挤到了一张桌前坐下。接下来的一个星期，我每天吃着这碗有一小点咸肉和几根蔬菜丝的米饭。

因为我高鼻深目而且衣着整洁，所以被允许睡在码头终点站的候船室里。早晨我在洗手间里洗脸洗衬衫，白天在沿海的马路上闲逛，或是在美国快递公司、拉福斯宾馆和时髦的购物街之间溜达，看着那些衣着体面、油光满面的旅客们，不由得到虚幻的舒适感。自始至终，我汗涔涔的手心里一直攥着那枚25美分的幸运硬币。

东京、香港、上海、西贡、加尔各答和新加坡是东方的财富中心，在新加坡这座繁忙城市的商店和集市里，有来自世界各地的商品。在敞开的木匠房的拱廊里摆放着红木、柚木和紫檀木做的各种柜子，柜子上镶嵌着珍珠母和象牙，合页和铆钉都是银质的。丝绸店里叠放着一匹匹来自印度、泰国和爪哇的精美织物。一排排珠宝店里，蛋白石、祖母绿、红宝石、蓝宝石、珍珠、翡翠等熠熠发光、交相辉映。

但对我来说，食物才是目前最大的诱惑。我永远也无法忘记那各式各样让人垂涎欲滴的糕点散发的诱人香味，熟食店里摆放着的酱猪蹄、火腿片、烤鸭和香肠 —— 还有那些面包师的手艺，那一盘盘的甜点和蛋糕搞得我垂涎三尺。在这种时候，偷窃是一种本能的冲动，我也只是因为考虑到可能被逮着才没有下手"拿一个样品"。

我的麻烦似乎很大，但其实和别人相比，实在不算什么。尽管我从未斗胆走进这座城市的贫民窟，我还是见过双眼凹陷、肚子突出、两腿如柴棍的饥饿的儿童，见过由裂开的伤口、青光眼和破坏性疾病引起的身体变形和扭曲，还有随处可见的可怜而又无助的乞丐。那时候，人们在离开新加坡前必须把护照拿到检疫所盖章。在那里，我曾为一位号啕大哭的中国母亲而落泪——她那可怜的小女儿被发现患了麻风，必须被送走，也许她此生再也无法见到女儿了。

港口处有一所气势雄伟的银行，门口有两只巨大的青铜狮子。我坐在其中一只的两个脚爪中间，看着海水的起起落落和船只的进进出出。狮子的脚爪已被迷信的路人摸得锃光发亮，他们像我一样，觉得这样就可以得到狮子的一部分力量。在新加坡流浪的第六天，我正坐在狮子的脚爪中间向海面张望，看见便条上推荐的那艘货轮从地平线上慢慢开过来，星条旗飘扬在桅杆顶端。我很快把自己的材料交给了大副，领了蓝色水手制服，又借了足够的钱取回行李，然后就加入了清理船壁的行列。

第二天，货轮渐渐驶出港口，我回头看着这座和以前见过的城市完全不同的城市，它慢慢地消失在视线中。突然间，我发现这一星期里我经历了很多。

作者注：

每当我想起新加坡，耳畔就会响起各种各样的声音——有洪亮悠远的教堂钟声，有歌声般的和尚诵经声，有深沉的轮船汽笛声，有铃铛的叮当声，有码头工人的叫喊声，有木屐踩在石子上的咯吱声，有小贩的吆喝声，有街道上的嘈杂声，有可怜的乞丐乞讨声……

我记得那些气味——有海水和集市发出的咸咸的气味，有阴沟和腐烂垃圾发出的令人作呕的气味，有橡胶、废弃品、椰子干、调味品和咸鱼仓库发出的令人头晕的气味，有富饶大地发出的泥土的气味，有鸡蛋花发出的沁人心脾的甜香，有从家家户户厨房飘出的诱人的饭菜香……。

我记得那万花筒般变幻的热带风光——一忽儿极丑、极压抑，一忽儿又变得极美了。

但我最记忆犹新的是，正是在新加坡，第一次感觉到一座城市的脉搏，它的悸动、震颤和含义。

若要真正了解一座城市或一个地方，就必须深入其中——而不是仅仅站在边上旁观。

科巴港

提问：如果一艘货船上有 80 名乘客和船组人员，他们互不相干，除了希望平安到达目的地的想法之外鲜有共同点。假设某个时候大家都在各干各的，如何在不下命令的情况下，让他们静悄悄地排成一行，站整整 5 分钟，然后又同时大笑起来？

那是个傍晚，斯·斯·梵·布伦号轮船正驶入爱尔兰科巴港附近的一个避风小湾，打算在此下锚并歇息一晚。科巴港是个天然小海湾，被低矮的群山围合，周围没有别的船只。之前一直在下雨，所以湿漉漉的群山呈现出深祖母绿的颜色。太阳穿过飞速变幻的云层，照在水面上，闪闪发光。无数白的、紫的水母在浅浅的潮水里不断地收缩，它们那透明的触须在水中随波逐流。

大多数乘客还在各自的睡舱或船上酒吧里，但也有一些人（包括我）走到朝向陆地的甲板上，倚栏欣赏岸上的风景。我们正观望着，只见一个白胡子的爱尔兰人，戴着顶垂边帽，从海湾那头一间孤零零的茅屋里出来。他走上摇摇晃晃的码头，跳上一艘简陋的小船，舀掉积在船里的水，解开绳索，然后拿起双桨划船。他朝着我们划过来，双桨在平静的海面上荡起了涟漪。

渐渐地，越来越多的乘客拥挤到栏杆前，船员也越聚越多。大家都想来看看在慢慢变暗的天色下，在绿色的爱尔兰山岭和村庄的映衬下，那个向我们慢慢靠近的人。老人把小船划到我们船的一侧停下，站起来，仰脸冲着我们，脱下帽子致意。他伸手从衬衫里拿出一支磨损已久的黄铜小号，放在嘴边，头往后一仰吹了起来。他的小号里飘出了颤颤的《哦，丹尼宝贝》的旋律，乐声飘过整个海湾。接着又吹起《你的娘亲是爱尔兰人吗?》。这时候，船长和其他几位船上的负责人也来到了甲板上。当最后的音符消逝在空气中时，身边的一位船员捅了捅我的胳膊，示意我看船长。船长的脸颊潮潮的，一如我的脸颊。老人收起小号，船上一片寂静，他微笑着抬头朝我们挥手。突然人群一阵骚动，硬币像雨点般撒向老人伸出的帽子中。

人类总是乐于在任何人、任何地方或任何事物中寻找和他已接受的理念相近的因素。

眼见不等于领悟

我离开家出外旅行了一年多，差不多周游了整个世界。现在回到学校继续完成学业。我在系主任办公室前停下，进去看望系主任。嘘寒问暖后，他示意我坐在一把椅子上。

"哦，那么，"他说道，"现在跟我说说你从这些旅行中学到了点什么。"

"很多，"我答道。

（当时我在心里暗暗希望那把椅子坐上去会比较舒服，因为我觉得可能会在那儿坐很久。）

"您知道，"我说，"我首先去的是日本和中国。一连几个月，我都在那儿尽量地看，直到花光了钱。然后我去婆罗洲应聘一份在木材加工厂的工作，工作落空后，就返回新加坡，在一艘货轮上当了一名普通的水手。这样我就有机会在轮船中途靠岸时好好欣赏马来西亚、印度和埃及。当船到达意大利的时候，我已经攒了足够的钱，买了一辆自行车，骑着从热那亚、佛罗伦萨，到威尼斯①，然后遍游这个国家的山地小镇，这样整个夏天就过去了。现在我回来完成学业，取得学位。"

"你获得了多好的机会啊，"教授说，"我敢肯定你一定在这次旅行中学到了很多，并且对你以后的工作会有帮助。那么，在这次旅行中，最令你印象深刻的是什么？"

既然说了，我干脆说得详细些。"在日本，我拍了很多风景照片，也画了很多大地规划案例草图——在日光市、京都，沿着濑户内海②——几乎所有的公园、花园、城镇规划，我画了整整一包草图……"

"我也很喜欢日本，"教授打断我的话，"日本人对待风景的态度看上去和我们很不一样，关于这一点，你有什么心得？"

"嗯……刚才说了，我拍了一整个相册的相片，还画了满满一本草图。"

---

① 热那亚、佛罗伦萨、威尼斯分别是意大利西北部、中部和东北部城市。

② 日光市、京都、濑户内海分别在日本关东地区，关西地区，日本本州、四国和九州之间；均以名胜古迹和自然风光而著称。

"你看了这么多东西"，教授接着说，"应该有很多心得体会，我很想听听。"我看着他，没有明白他的意思。

"你回去好好想想"，教授说，"过段时间再来我这里，我们将进一步讨论你在旅行中学到的东西。"

之后我对这个问题思考了很多，渐渐地明白了教授所说的意思。开始意识到尽管看到了很多东西，但并没有从中学到很多。我发现自己只顾着看，却忘记了仔细观察。一段时间之后，我更进一步认识到观察并不等于领悟。

于是，我首先尝试学会如何观察事物。我很快意识到过去从没真正留意过身边的人、建筑及其他事物——我只是经过他们，看到他们，却没有留意他们。比如我每天从学校回家，都要在校园里走相当长一段路，但在我试图回忆沿途所见时，却说不出任何印象。渐渐地，我学会了有意识地去看，去观察。

"看"是由眼球来完成的，这是一种肌肉反射，是选择性聚焦——把事物从不断变动的景象中摘取出来，让我们能够识别，这是一个注意事物并产生印象的过程。但"观察"比"看"要更进一步，在识别了一件物体之后，比如河中的一艘独木舟，还需要进一步研究细节：独木舟是用什么材料做成的？它有多大？什么颜色？谁在船尾划桨，又是谁坐在船头，是我认识的人吗？等等。观察需要获取重要的视觉信息，在某种程度上类似于侦探训练——学会关注细节。而"领悟"涉及所有感官和思维，它是一个渐渐认识事物本质的过程——是一种感同身受的体会。

……

我们可以看到日落时太阳像个红色的球体，我们可以观察到太阳渐渐消失在地平线或山峦背后，静寂天空色彩的变化，云层不断变暗。但只有调动所有感官，达到"领悟"风景的层次，才能真正欣赏到夏季日落的美妙！

……

当我努力去看，学会观察，渐渐懂得了领悟风景的方法，我发现即使去一个街区走一趟也堪称发现之旅。几周后，我再次拜访了系主任。

"上次您问我在旅行中学到了什么，"我说，"我回顾了之后，发现收获不多。但是我一直在思考这个问题，也在研究其中的症结。教授，希望您能知道我一直在为解决这个问题而努力。"那天，我们一直在讨论关于看到不等于领悟的问题。从那以后，我经常回校去看望他。

初步学会如何领悟之后，即使是躺在吊床上摇晃或在公园里散步都能成为一次有趣的经历，游历一个国家或者一个新的地方更能留下强烈印象。领悟其实就是一种获得敏锐知觉的方法，对我来说它就像把钥匙，打开了我一生丰富经历的大门。

直到现在，我还记得当初教授那个一针见血的问题："你悟到了什么？"

领悟就是要集中所有的感觉，全身心地放在你手头的事物上。

乔·科劳姆博酒吧

　　我在民间资源保护队①的时候，如果从马奎特开车去往位于密歇根半岛的大海湾镇，就一定会经过乔·科劳姆博酒吧。酒吧并没有多大看头，大海湾镇也一样。小镇在路的尽头——再过去就是苏必利尔湖和休伦山。乔的酒吧位于离小镇约5英里的地方。

　　当时，大海湾镇几乎已经被废弃。不久以前，白松号船员曾在此卸下许多畅销的木材。他们走后镇里就只剩下零星四散的小木屋、弗洛雷大众店、碎浪旅店和一家旧木材加工厂。只要有库存木头，这家木材厂就会时不时地加工枫树地板。小镇上最著名的居民是一条杂种狗，它是木材厂锯木工养的一条小猎犬。只要有湿淋淋的枫树树干吱吱呀呀地被拖进木材厂，拖向发出轰鸣声的巨大的圆形电锯时，这小狗就会跳上树干，狂吠不已。一旁站着的外地人或目瞪口呆或挥舞双臂，大喊大叫着想要阻止这即将发生的惨剧。但就在锯齿锯入枫树前的一刹那，小狗会若无其事地从树干上跳下来，冲duo乱哄哄的人群摇摇尾巴。这时候大家都会哈哈大笑起来。这就是那条小杂种狗的故事。

　　至于酒吧，那是几年前，乔·科劳姆博带着几瓶廉价的威士忌到森林里想卖给印第安人。当他看到路边的这间空木屋时，就决定把它买下来建成一家酒吧。起初，他的客人大多是渔夫和设陷阱捕兽的猎人。慢慢地，越来越多的猎人发现了这里，他们过来捕鹿和熊。而另一些人则和我们一样，被派来干活。我们的工作是开设救火道——然后我们把单独成片的松林砍下来，拖出去，让国家公园部门用在公园建设中。但少量残存的松林往往不是被雪松沼泽所阻隔就是分布在陡峭的斜坡上，这是早期伐木人的牛队和车轮无法到达的地方。因此，我们的工作既漫长又繁重，而且常常感到口渴。我们总是在太阳下山后收工，坐在卡车的长凳上，开往乔·科劳姆博酒吧，去享受一杯带泡沫的饮料和少许开斯勒威士忌。

　　乔非常节俭，酒吧经营得很不错。他会在前院我们停放卡车的杉树下撒上

---

　　① CCC（Civilian Conservation Corps）民间资源保护队：1933～1942年罗斯福新政期间成立的旨在保护自然资源的主要组织。

碎木片。如果车辙太深，他就会多撒些。酒吧的地面铺的是碎木屑，家具不多，除了一个圆形的煤油炉，就只有几张简陋的桌子、一块厚厚的橡木板和边上几张摇摇晃晃的凳子。窗户有四扇，但因为年久失修，窗棂都是歪的，有两面玻璃破了，是用纸糊上的，另外两面积满了厚厚的灰尘。有几盏煤油灯点着，但没有多少亮光，这也许是好事。酒吧里还有别的摆设：吧台上方有一大幅图片，是一个丰满的妇人一丝不挂地躺在卧榻上，手里拿着一枝玫瑰。啤酒桶边上是一箱烟熏野鸟和一满玻璃桶的腌猪手。再边上就是乔。他话不多，不过我猜他根本不需要多说话。因为他整天所要做的只是把酒放在柜台上，还有就是叮一下按响铜质现金出纳机。

我跟你说乔那时的确干得很棒。他的东西越堆越多，以至于有一天他决定"把这地方好好打理一下。"他在门上放了块"暂停营业"的牌子。接下来的一个月左右，我们只好一直把卡车开到大海湾的碎浪旅店去喝东西。等乔终于重新营业了，我们立刻去了他那里。我们发现停车的地方变了，变成了石子地面，周围还有路灯亮着。乔重新装修了木屋，把缝隙都堵上了，窗户开大了，屋顶也镀了锡。我们进了门，靴子上沾满了泥，站在黑白相间的油地毡上打量着四周。桌子全都换过了，桌脚干净地闪闪发光，桌上铺着塑料桌布。每张桌上都有一盏台灯，灯罩非常漂亮。窗帘也装上了，吧台上也铺上了塑料台布，墙上的裸体妇人不见了，取而代之的是蓝色的玻璃格子，里面放着一个个精美的瓶子……。

"得，"一个工友说，"咱走吧！"于是大家都跟了出来，一路开到大海湾的碎浪旅店。

上次我们开车经过科劳姆博酒吧，发现它已经关门大吉了。没人知道老乔去了哪里。但无论他在哪里，他很可能还在纳闷究竟哪里不对劲了。

成功的设计开始于因地制宜，以满足用户需求为最终目标。

剥皮刀

在世界任何地方，只要有人提起刀片——无论是剑的还是刀的——很有可能话题就会从西班牙托莱多①钢开始，接着大家就会谈到芬兰人的高超技艺。从某种程度上来说，刀片的灵魂和芬兰人的灵魂是合为一体的。

伐木季节，在密歇根北部的树林里，几乎每一个伐木场的工具棚都是由芬兰人负责的。具体地说，他的工作就是管理锯子和斧子，因为伐木场的产量取决于斧刃或是锯齿的锋利程度。一直到深夜，工具棚仍会灯火通明，芬兰人俯身摆弄锉刀、砂轮、磨石等，务必使每一样工具都能发挥出最大功效。在打磨厨房用刀时，他也怀着同样的心态，因为这是一件令他自豪的事情。

有位芬兰伐木人需要一把剥皮刀，他打算自己做。因为是芬兰人，他将会把这把刀做得尽善尽美。在他眼里，这不仅仅是一把刀，他要让所有见到或听说这把刀的人都对它啧啧称奇。他早就收藏了一根珍贵的弹簧钢，专门用来打造这把刀。在脑海里，他已经一次又一次地对刀片的形状构思了无数次，但一次又一次地都否决了，直到最后，在考虑了各种可能性之后，他终于确定了最终方案。

他在熔炉里慢慢地把钢条的温度升到白热，然后把它放到冷水里，直到变成暗红色。钢条在砧板上被锤打出刀片和刀柄的样子；冷却之后钢条继续被打磨；然后再加热，不过这次是放在油里，以提升韧度。刀片的外面被焊上一个椭圆形的外罩。接着，一块块晒干的鹿皮、小牛皮和驼鹿皮被依次裹在刀柄上——先是硬质的皮，然后是软质的皮，再是粒状的皮——以期造出最佳的刀把。这些兽皮都根据刀柄的形状经过修剪，然后用溶化的松香和蜂蜡浸泡。刀把固定好之后，刀片就放在磨刀石上打磨——刀刃的一边是凸的，用来切开动物的皮；另一边是凹的，用来减少肉的阻力。刀身已经被磨得熠熠发光了，于是芬兰人开始集中注意力打造刀鞘。刀鞘是用上过光的皮革做的，完成之后，还要在上面刻上熊爪的纹章——方便识别，同时也代表着威力。

有了刀鞘，这把刀就适合猎人携带了。它能很容易地被拔出鞘，同时又有

---

① 托莱多：西班牙城市名，以铸剑技术高超著称。

足够的摩擦力，不至于在佩带者追踪动物时从他的腰带上滑落下来。芬兰人把玩着刀，一会儿握紧，一会儿松开，感受着刀在手掌里的重量和韧度，露出心满意足的神色。

试刀的时候到了。一只大约十磅重的雄鹿被拴在树下，芬兰人双手下垂，默立了一会儿，好像在举行什么古老的仪式。接着，他飞快地拔出刀来，刀尖对着鹿的喉咙，顺着它肚子的方向一下子划下去。鹿肉完好无损，但它的皮已经被划开了。他弯下腰，顺着鹿的腿继续往下。剥皮刀在他手里被摆弄得哗哗作响，鹿皮很快就被完整地剥下来，没有丝毫的裂痕和血污；鹿肉也一样，没有丝毫缺损和污秽。

做完这一切之后，芬兰人往后退了一步，用苔藓擦了擦刀，然后双手拿起它，一脸的怡然。是什么让他如此快乐？是因为刀合手好用，还是做工精湛，或者是他本身刀功了得？毫无疑问，这些都是使他快乐的原因，但最重要的是，他在创造的过程中享受到了莫大的愉悦，这种愉悦是所有人类在创造过程中都能感受到的。

无论何种形式的创造都能给人带来莫大的快乐。

旋转轴上的将军

在设计师的成长经历中，开始懂得雕塑的意义，这是多么重要的一刻啊！那时候我还是个学生，在这之前雕塑对我来说不过是一种三维立体的艺术品，直到那个星期天下午，在波士顿美术博物馆，我遇到了"将军"……。

这是一个罗马将军的半身雕像，底座上设置了旋转轴，转动旁边的手摇曲柄，雕像会在一束灯光下缓慢地旋转。我尝试着转动了几次，发现雕塑的人像好像活过来一样：当"将军"旋转着开始正对着我的时候，他的颊骨和下巴慢慢凸起来，紧绷的嘴唇呈现出意志坚定的样子。接着脖子上强壮的肌肉和有着皱纹的宽阔前额膨胀起来。在灯光的照射下，深凹的眼睛好像以一种镇定而傲慢的神情俯视着我。我觉得自己真实地面对着一位高贵而显赫的人物——强壮威严、充满睿智的罗马百人队队长。

我往后退了几步，从不同的角度观察雕像，希望获得同样的感受，却发现没有刚才那种强烈的感觉了。我又回到雕像旁边转动曲柄，出神地看着他脸部轮廓的不断变化。我意识到，正是这种旋转的运动使雕像具有了"雕塑感"——产生了无穷变化的视觉印象或触觉感受。

通过进一步的尝试，我发现：如果雕像静止，而人围着雕像转，也能产生同样的效果。那一刻，我一遍遍地绕着雕像转圈，兴奋得像个孩子。离开"将军"后，我用同样的方式观察博物馆中其他雕塑——从那以后，我开始理解雕塑作品，在游学旅途中，一次次被雕塑艺术的神奇所感动——

亨利·摩尔的"国王与王后"[1]

克兰布鲁克艺术学院迈尔斯喷泉中的"俄耳甫斯"

芝加哥植物园内的"林奈"[2]

詹·扎克的作品"地球母亲"

西格尔的作品"走钢丝的人"

---

[1]　The "king and Queen" of Henry Moore：英国大雕塑家亨利·摩尔（1898~1986）的《国王与王后》，创作于1952~1953年间，位于苏格兰旷野。

[2]　林奈（Carolus Linnaeus，1707~1778），瑞典植物学家，现代生物学分类命名奠基人。

美国雕塑家盖斯顿·雷切斯创作的肥胖女人站在纽约现代艺术博物馆庭园中，而法国超现实主义雕塑家贾克梅蒂的清瘦的人像作品恰在室内，两者相映成趣。

在更远的地方——

哥本哈根海港的"美人鱼"

法国卢浮宫的"维纳斯神像"

埃及亚历山大港的"奈费尔提蒂"

伊斯坦布尔的"亚历山大大帝"

米开朗琪罗创作的一系列不朽的作品：佛罗伦萨的"大卫"、梵蒂冈的"圣母怜子像"和罗马卡彼山的"马可·奥勒留皇帝"。

还有众神的雕像：狩猎的黛安娜、太阳神阿波罗、智慧女神雅典娜、半人半鱼的特里同、众神之王宙斯……。

当然，我们不该把视线仅仅停留在人像上，除此之外还有那么多杰出的雕塑：

威尼斯圣马可大教堂前的加塔美拉塔骑马纪念像

毕加索创作的"山羊"

远西北地区的原始图腾

俄勒冈州三文鱼学校的拱州喷泉

加利福尼亚州奥克兰市博物馆的水晶喷泉

洛杉矶南加州市怀特尼、莫顿和南加州庭园中的抽象雕塑

现代艺术雕塑家亚历山大·考尔德的活动雕塑①

华盛顿市海尔松的巴克明斯特·富勒的作品"高压电塔"

学会了赋予本来呆滞的动物雕塑、人像和神像以生命之后，我发现，所有的三维物体都具有可塑性，有雕塑般的潜质。那么雕塑是什么呢？它是一种经过艺术家或自然力雕刻、造型或创造的可以被三维感知的物体。它可以是一块石头、一个贝壳、一棵树、一片云、一座山丘或是一段连绵起伏的山脉；也可以是一粒小珠子、一个护身符、一把椅子、一座桥梁、一组像风筝一样的构件，

———————————

① The Calder mobiles：美国现代艺术雕塑家亚历山大·考尔德（Alexander Calder，1898~1976）喜欢用铁丝等材料，通过简单的力学运动原理，架构成一个动态的平衡雕塑。

或者是一座建筑，比如说，谁能否认沙特尔大教堂、朗香教堂和弗兰克·劳埃德·赖特"流水别墅"的雕塑美呢？

　　参观波士顿美术博物馆已经是很多年前的事了，我希望"将军"仍然在那里。期盼有一天再次摇动曲柄，让他和我彼此面对，我要感谢他让我领悟了雕塑的意义，带给我如此多的快乐。

　　一个风景园林师或建筑师应该这样设计空间和路径：创造一种自然的、建筑的和其他的"雕塑"形体的连续变化的景观，并丰富它们。

发动机工作室

　　我们在一艘丹麦的货船上，从纽约出发经由巴拿马运河前往东方。由于船舱空间有限，除船长和船员外，只有 10 名乘客。除了船员，所有人都在船长的餐桌上吃饭，大副和轮机长也和我们一起。白天是瑞典式自助餐，还有各种各样的丹麦面包、布丁和美味的酥皮糕点，饮料是浓浓的黑咖啡。我尤其享受喝咖啡的时光，不仅是因为我喜欢喝，而且因为轮机长喝咖啡的方式——他总是从碗里拿一把方糖，穿过浓密的红胡须，将方糖放进嘴里，然后就着方糖喝下咖啡。他注意到我对他这项本事很感兴趣，明显地对我产生了好感。

　　那天早上，他特别允许我参观了发动机工作室。他打开舱梯上方一扇朝下的金属门。台阶是不锈钢做的，闪烁着亮光。为了让人安全行走，每个台阶都刻了一个丹麦捕鲸船队的场景，每一步都是不同的画面，每个画面都非常精美。我们走下舱梯，来到一个明亮的空间。船舱的防水隔板和头顶上都是白色的；甲板是深棕色的。

　　"每天"，机长骄傲地说，"防水隔板都要用肥皂水擦洗，一点油渍或灰尘都不能有，一个斑点也不行，甲板也要刷洗，并且用松香蜂蜡打磨。哪怕我们只有燕麦片和勺子，我们也一样会把这些地方打理得干干净净。"

　　两个穿白衣服的助手在发动机边上忙乎着，一个人拿着一个铜油罐，另一个拿着一块布在擦拭突起的部分。这些沉重的金属支架是深橄榄绿色的，传动轴和轮子是由闪闪发光的钢铁制作的。测量仪表、阀门和调节螺栓都是明快的颜色——黄色、橘色和红色，这样便于识别，容易找到。

　　巨大的轮子无声地旋转起来，传动轴有节奏地上下晃动，带动了下面的双推进器旋转轴。在发动机上方，调速器发出咕噜噜的声音，气泡在玻璃制的润滑油杯中冒着，测量仪表上指针在正常的范围内慢慢摆动。间或会有铃声响起，这表示驾驶室的信号有了变化。

　　我转身对戴着机长帽子的大胡子朋友说话。他摇摆着，两手交叉放在他挺括的铜扣子夹克衫后面。他似乎在遐想着什么，一脸的陶醉，让人不忍打扰。他站在这整洁的空间里，看着机器和船员无懈可击的运作，一切都井井有条。

每一样看见的、听见的都近乎完美，在他看来，已经没有什么需要改进的了。这次经历，于他，于我，都是一份美好的回忆。

当一切都和谐地运作，没有不协调，没有缺失——那么，无论它以哪种形式出现，观者都能感受到美。

金谷信君

在日本日光市一家赫赫有名的金谷饭店里，我和朋友柯林斯坐在桌旁吃早餐。用餐区的一侧是一个阳光普照的花园，里面种满热带植物，在这些植物的枝条上挂了几个长尾鹦鹉的笼子。笼门是开着的，这些珍稀的鸟能随意飞进房间，栖息在它们喜欢的客人肩膀上，分享他们的早餐。

我们一边吃一边喂着这些可爱的鹦鹉，这时，一位白发绅士走到我们桌旁，他自我介绍说是饭店的主人金谷信。

"我们欢迎所有的客人，"他说，"尤其是你们，因为我知道你们是来研究我国的公园，而且你们提出了很好的问题。"

聊着聊着，他问我们在进入东京港的时候是否注意到了新的战船。我们当然看到了，因为我们的船开过去的时候距它只有几百码，所以印象非常深刻。

"我想，"他说，"如果这些钱用在日本学生和国外学生的交流上，这种船可能就不需要了。"

第二天，在金谷君的邀请下，我们有幸和他一起去参观明治神宫①里面的寺庙花园。寺庙的住持陪着我们，每到一处，都给我们讲解。他看出我们对此很感兴趣，就和我们一起到池塘边一间僻静的茶室饮茶，一边继续为我们讲解。这几个小时使我的一生都受益匪浅。我从来没有意识到每块石头、每株植物，或者公园的每一部分都是经过精心选取与安排的，我也从未想过这里的每样东西都有着丰富的内涵。之前从来没有人跟我提起过动态张力的概念，在动态张力的作用下，所有的元素都能达到一种神奇的平衡，在某一空间或者是某一运动路线中也一样。我也从未明白"立意"的重要性——立意指的是对园林主题的精确界定，从而指导设计的方方面面，所有的设计内容都服从于它。

下午又是和好客的金谷君一起度过的，这次是在他自己的花园里，全日本最漂亮的花园之一。我们坐在观赏平台上，俯瞰下面波澜不惊的池塘和飞流直下的瀑布，景色十分壮观。在前面突出处的一侧是一株日本红枫，它的造型十

---

① 明治神宫（Meiji Shrine）：日本重要的传统文化和宗教场所，是一所日本神道教建筑，供奉明治天皇和昭宪皇后，和伊势神宫一起被视为日本最重要的神宫。

分美观，我们不由得停下了谈话，静静地坐着欣赏。它从一个长满苔藓和石头的土墩上长出来，像夜晚的明灯一样光彩夺目，简直是一个活生生的雕塑。

"很高兴你们能注意到这个，"园主人说，"这棵树是纪念我几个月前故去的太太的，她最喜欢这样的枫树。我花了不少时间在乡下转悠，找到这棵树，把它种在这儿——这是我们过去经常一起坐着的地方。我亲手种了这棵树。"

"既然你们对枫树感兴趣，"他继续说，"想来也会喜欢看看其他种类的枫树，这些树为我们的花园增添了不少情趣。"

我们起身沿着花园的小路慢慢往前走。在波光粼粼的池塘外面，一个低低的土丘像手臂一样环抱着池塘的边缘，土丘的边上是一个隆起的山坡，后面是高大的日本黑松。山坡上种满了红叶羽毛枫，它们经过略微的修剪，使得坡顶尤为美丽。

"这样种植的灵感来自艺术家葛饰北斋①的木版画——日本枫树的树枝和叶子就像起伏的波浪，可以装点园子。"我们看着这幅由鲜活的植物构建的立体壁画，感觉似乎可以听到波浪的声音。

不远处，一条蜿蜒的小路通向前面的树林，树林位于一个断崖之上，下瞰深深的河谷。我们望着雾霭升起，看着小溪急流下去溅起的白色水花，断崖边缘是风化的岩石和成片的枫树林。

"当时断层的表面正受到严重的侵蚀，"金谷君告诉我们，"所以几年前我们请人绑上绳子从上面滑下去，把数千棵枫树种子撒在下面肥沃的泥土里。我们想，到时候枫树叶可以吸收雨水，树根可以坚固土壤。这个计划很有成效。这些树成长起来，又产生新的种子，循环往复，现在整个山崖边缘从上到下都长满了树，就像是空中花园。"他顿了顿，继续说道。"现在是大自然给山林点燃火焰的时候，看看是怎么点燃的。火焰沿着河道走：霜首先降到山谷的叶子上，在那稍作停留。在接下来有霜冻的夜晚，山谷中的叶子全都变成了深紫红色；随着山势渐高——叶子呈现火红色、橘黄、黄色和黄绿色。这一幕总是让我想起火焰。在这个长满枫树的断崖上，我们可以看到整个秋天的颜色。"

傍晚时分，我们又去散步，穿过黑松和阔叶树林，看到前面出现斑驳的灯光。一棵巨大的枫树下摆放着一个舒适的柚木长凳，枫树的树冠很大很圆，像

---

① 葛饰北斋（Hokusai）：19世纪日本画家和图书装帧家，最负盛名的着色浮世绘设计家。

绿色的苍穹一样笼罩着。主人示意我们坐下。他告诉我们，"我太太和我总是在傍晚来这里，欣赏这棵树的树干、树枝和枝丫如何构成如此精美的绿叶天篷。夕阳的最后一抹光照在交错的树叶上，像一个彩色的发光贝壳。看着它慢慢地变暗，我们总是静默不语。"

在配置或安排植物的过程中，如果想体会和植物在一起的快乐，那么我们必须首先了解每种植物的特质——然后展示这种特质。

格罗皮乌斯和禅宗精神

很久以前的事了，那是 1939 年的春天，我独自一人在古老的罗宾逊大厅地下室为毕业论文做最后的润色，沃尔特·格罗皮乌斯博士走了进来。他是德国的包豪斯或者说德国设计学院的奠基者，后来他来到哈佛，成为当代建筑学运动的新领袖并在学术界引起了很大的震动。他有一个习惯，在每次讲座之前都要来这个安静的房间沿着黑板边来回地走，理清思路。这天早晨，他整理好思绪后，就在我的绘图桌边停下。

"毕业后你想去哪里?"他问到。

我解释说几年前曾去了日本和亚洲的一些地方，希望能去日本和亚洲其他地方再学习几个月，然后回到匹兹堡开始自己的事业。

"为什么是日本?"这位伟大的老师问道:"除了宝塔、熏香、服饰和平面装饰，亚洲没有什么可学的了。我建议你最好把时间花在斯堪的纳维亚，去呼吸更多的新鲜空气。"

我谢过他的建议并且告诉他我会考虑这个建议，但两个月后我还是去了亚洲。

几年后，我在匹兹堡报纸上得知格罗皮乌斯博士要来卡内基大厅做演讲，主题是他最近的日本之行。他演讲时我就坐在前排。

当他站在讲坛上时，我很吃惊地发现那熟悉的声音中有轻微的发抖。后来我才知道他声音发抖不是因为年纪而是因为情感。

"这是一次感人的经历，"他开始演讲，"一个把一生都放在寻求设计动态哲学而一直未有所得的建筑师——最后发现这一哲学存在于日本人的生活中，并且作为前进的动力在有效地应用。我发现这种强大的、有创造性的动力贯穿于禅宗的教义中。"

他继续说到，直至不久之前，大部分日本人不仅相信禅宗的教义并且本能地把它们付诸于实践。在日本人家里，工具、手工艺品以及服装都有一种简单、自然和追求艺术的品质，很少有其他地方能做到这点。他们的习俗和行为都是恬静文雅的，——就算女店员在打包、农民在捆扎和堆放稻谷时也是如此。可惜，现在他们痴迷于工业化，渐渐开始忽视传统而效仿西方的道德观。几百年来点亮日本人生活的那道光束正逐渐变暗甚至几乎熄灭。可悲的是，在我们美国人能理解禅宗并把它应用到生活和工作之前，禅宗可能已经在日本消亡了。

格罗皮乌斯用热烈的语言描述了禅宗对日本艺术和建筑的影响。听着演讲，我知道他现在理解了当时身为学生的我为什么会有冲动去看、去学习更多关于日本的东西。就算在那时，我也发现在设计领域，有一些东西在萌动——一些我所不能理解的事物——存在于这片太阳升起的土地上。

那么，能够如此影响生活质量的禅宗哲学究竟是什么呢？我努力去理解，但在研读了大量关于禅宗的深奥文章后，我仍然没有明白所以然。我对禅宗的领悟开始于旅行以及与一位禅宗佛学老师的长谈。他是这样解释的：

对一个标准的佛教徒来说，生活就是寻找和谐。举个例子，比如说一个人在湖岸边休息，他舒服地躺在长满苔藓的石头上，感觉到太阳的温暖，当微风从头顶上的树枝吹过，他闻到了空气中松树的香味。河水清且涟漪，波浪轻拍着湖岸，一种幸福安宁的感觉涌遍他的全身。这种感觉就是所有的佛教徒寻求的——在自然界中、在家里，在日常生活的各个方面——天地万物和谐运作给人带来一种舒服的感觉。他们不仅珍惜能够产生这种感觉的地方，还尽力保护和建造这样的地方；他们不仅欣赏这种有益健康的生存环境，还尽力创造这样的环境。

禅宗佛教徒同意上述观点，但是把和谐的意义更深层化。对他们来说，人生的主要目的在于接触每一个人，每种材料，每个地方或事物，从而发现并激发他们最高的品质。我相信，在这个直觉冲动中存在着动力，正是这个创造性动力给格罗皮乌斯博士留下了深刻印象。

在这个教义的影响下，一位和泥土、石头、木头、稻草、钢铁、混凝土或其他类似材料打交道的工匠就会研究材料的本质，直到他能敏锐地意识到它的特质。只有在考虑内在特质和各种可能性后，工匠才会决定使用何种材料。在建造的过程中，目标不仅仅是把要造的东西用最佳方式表达出来，还必须发挥所用材料的最大潜力。

一位禅宗艺术家可能要做几年的学生，学习掌握各种纸、墨、刷子的特质，以及各种各样的笔画。他或者她可能会专攻一样，比如画山水、竹子或老虎。如果是画竹子，那么接下来的几年时间就要待在竹林和画室中——勾勒主干、竹节、竹壳、叶子、芽和根。一年四季都要观察不同种类的竹子，并且在每天的不同时间都要进行观察，以捕捉光与影的变化。只有完全熟悉某种物体后，禅宗艺术家才会开始画画。在"放松的集中注意"中，艺术家用精炼的笔触把竹子的精髓表达于纸上。

禅宗建筑师在设计住宅时会首先进行实地考察，直到场地在他眼中变得鲜活起来。他会去"感觉"土地的构造、植被、周围环境、太阳和风的运动、暴雨径流的方向。他会研究场地与穿越其中街道的关系，周围的建筑和其他不利因素。他会注意有利的因素，比如考虑如何将用地以优美的景致体现出来。同样他会去了解各个家庭及家庭成员的需求和想法，然后尽力通过设计让使用者、场地以及建筑达到最佳的和谐关系。

当人们偶然遇见或者集体聚在一起，在禅宗哲学的影响下，每个参与者都会做出积极的反应——就算是点头、微笑，或者是说一个字，只要符合这个场合，都是可以的。

在仓敷工艺村庄的子弹头列车沿线，有一个小而雅致的博物馆，展示的是当地的艺术精品。博物馆墙上挂着一块匾，向建筑师沃尔特·格罗皮乌斯表达谢意，感谢他来此参观以及他为设计领域所作的贡献。我很怀疑在他参观的过程中，格罗皮乌斯先生是否想到或提到了"服饰与平面装饰"这些字眼。

接触每一个人、每样材料、每个地方或事物，发现并挖掘他们的最佳特质。

石　墙

　　高村君——石匠，将要建一座城墙，当地军阀给他下达了这一任务，军阀的城堡控制着进行贸易的道路和河谷。团右卫门是一个有权有势、老于世故的人。他想造一道牢固耐久的墙。

　　砖石匠和他的助手们量了高度和沿路的长度，这样他们就可以算出需要的石头量。石头要小心地安放，不能浪费，不能有泥灰。墙的构造决定下来之后，工人们把厚实的柳条编织起来，用来运送石头，使它们不沾泥土。

　　至于材料的来源，石匠知道一有座山，山坡上有着很多滚落下来的花岗石。经验告诉他，这些深银灰色、久经雨打风吹的石头是火成岩，蕴含丰富多彩的颜色，有待他们去发掘。他和他的工人一块块地挑选着，看是否有裂缝和瑕疵。石头表面的氧化膜非常珍贵，必须加以保护，因此每块石头都用稻草垫子包裹着，用车运送到建筑地点。

　　最后，石头被放在垫子上，便于研究和开工。高村君准备好了工具，它们是四个不同形状的石头凿子和一把木槌。他出生于名石匠之家，石头凿子是他家祖传的，他的先辈们都以能拿到这些凿子而自豪。每个凿子都非常精密，并且各有其特殊的用处。木槌是高村君自己从最坚韧的桦树节上截来做成的。木槌柄是用生水牛皮包着的，弹性适中，水牛皮收缩后和木槌柄连接非常紧密。木槌挂在他粗布工作外套的带子上。它不只是一个石头锤子，它还是他手的一部分，他胳膊的延伸。晚上，作为每日仪式的一部分，石匠会用钨油给锤子清洗、磨光，给它新生。

　　石匠装每一块花岗石时都会运用几百年来代代相传的知识分辨它的颜色、纹理以及断裂面。工作时，他怀着一种对大自然神奇创造的尊敬，因为混沌初期，神奇的大自然就已经形成了。他从来没有想过要滥用这些石材。逊色一些的石匠可能会不假思索地在石头表面做记号或划开，留下发白的工具印。高村绝不会这样做。他会像钻石切割师一样从各个角度审视石头，凭借他的观察和技巧，就能将石头最美的部分充分展示出来。用一把木槌敲打再加上合适的石头凿子，他凿开颜色最丰富的部分，使色彩在久经风霜的苔藓和粗糙的石头外形的反衬下熠熠发光。他尽可能保持石头的原貌，然后把它和其他石头放在一起。每块石头的安放都符合它们内在的特质，所有的石头最后形成一个完整的图案，线条有机地交错，像丝带似的镶嵌在墙上。石匠的脑海里时刻记得这个宏伟的设计，他用线衬着线，石的轮廓衬着石的表面，大石头衬着小石头，颜色的安排是随意但却和谐的：红色、棕色、黑色、粉色、绿色和土黄色。从线条、质量和颜色上说，它将成为不对称设计的奇迹。

最后一块石头砌好后，工人们把席子拿开，从河床上拣来一些小小的圆鹅卵石，填到路面和墙的空隙间。然后高村君回到家中，沐浴更衣，做好准备把他的杰作展现给团右卫门。当然，这应该是在一个清新的早晨，此时的太阳正照射在每一个钻石般的墙面上。

石匠、石匠的家人、工人站在一侧，团右卫门和他的随从走上前来。据说，团右卫门用仰慕的眼神静静地欣赏了很久，然后决定给石匠最后的献礼。

他向高村君鞠了一躬，说："我很满意"。

几个世纪后，一个小学生一路蹦蹦跳跳地走来，然后停下来，抬头瞻仰这堵由伟大的石匠建造的名墙，每天如此。高村——他有很多禅宗思想。

艺术家的任务和天赋是展示事物内在的美。

和格鲁①大使共享薄煎饼

我们和格鲁大使是在某一天晚上碰到的，当时我们都在参加日本新闻俱乐部的年终宴会，他给我们留了住址。晚餐时柯林斯和我刚好坐在他对面，于是抓住机会问他关于东方和美国风景规划理论有什么不同。他笑了笑，回答说："其实我很吃惊，我们美国人竟然有风景规划理论。我不得不说我们如此怠慢绝美的自然风景，实在是一种国耻。"

接着他举了几个例子，比如佛罗里达湿地被抽干；棉花和烟草地被滥用并遭到水土侵蚀；白松、冷杉和红杉林被乱砍滥伐；草原变成农田；沙尘暴以及其他一切。他说这些做法是十分不明智的，而东方国家的悠久传统就是积极对待大地——以及大自然的所有，风景只是其中一小部分。

顿了顿后，他问道："你们两个来和我一起共进早餐怎么样，尝尝美味的美国老式薄煎饼？"

第二天早晨，是个星期六，我们去他家做客，边吃早餐边聊天。"老式薄煎饼"是大使亲自做的。餐盘清理后我们坐下来喝咖啡，聆听着主人在这几年远东生活中得来的真知灼见。

他的观点如下：

"要理解东方风景规划的方法——无论是花园、农场还是城市——我们美国人首先要摒弃把自然当作敌人的思想。这点很难做到，因为反自然的思想是我们与生俱来的。土地是我们从自然中抢来的；我们的家和谷仓是为了和自然抗衡而建的，大量的文学作品都把人和自然对立起来。我们的宗教教义，我得说，根本没有改变这种观念。"在东方哲学中，自然既是神也是朋友——是用来尊敬，也是用来培育和欣赏的。在东方人看来，生活本身就是不断寻求与自然的和谐关系——完善人与自然的平衡，就像阴阳之间的和谐关系。

---

① 约瑟夫·克拉克·格鲁（Joseph Clark Grew, 1880～1965）：1932至1941年间任美国驻日大使。

"与自然和谐共处的思想并不新颖，它可以追溯到人类的早期。比如尼安德特人①会发现在某几个地方和某几种土壤中可以挖出更多更好的地下茎；如果迎风狩猎的话可以猎杀到更多的动物；退潮后水塘里会有更多的鱼。亿万年后，那些最能理解四季变化和其中含义的农夫会收获更多的谷物；善于观察的牧人能把牛羊群管理得更好。"

"这些含义、阐释和解读后来被投机取巧的神职人员利用，形成一系列宗教教条。中国的道教可能也是如此——虽然我们知道，道教其实是一种哲学。把它理解为生活方式可能是最贴切的，因此它经常被称作"道——方式"。

"道教之道，用最简单的话说，就是通过简单纯朴、符合自然规律的生活，来寻找满足和快乐。为什么我们对此有这么大的兴趣呢？从表面看，它可能完全不适合我们当今以科技为基础的生活方式，其实不然。科学是以自然法则为基础的。事实上科学不过是一个知识体系，为物质世界和自然的运作提供解释。在这点上，中国——乃至大多数东方国家——有很多值得我们学习的地方。"

"在道教出现以前，中国人可能是最早的天文学家。他们考察星座的相互影响，记录他们认为会影响人类境遇的某些关系，比如表明季节更替，潮起潮落，气候变化的那些星座形状。任何了解中国的人都不会怀疑中国人信念的坚定性，即所有人类的行为和计划必须符合宇宙的规律，具体点说，也就是符合大自然的运行规律。

"在风景规划中，他们的设计自然会充分考虑用地的地理特征。设计平面图和结构表都要反映太阳的轨道、微风的吹拂、暴风雨的力度、天然排水道甚至是能量在大气和地球间的运动路线。"

"许多著名的城市都是根据这些原则来进行规划的，而这些原则却大多被西方国家忽视或轻视。尽管鲜有西方人知道东方风景园林中的不朽之作，比如圆明园、苏州古城，甚至古老的京都，但可以肯定，就算在鼎盛期，西方世界也没有什么可以与它们相提并论——无论是规模、质量或宏伟程度。在无情的岁月流逝中，东方见证了许多文明的起起落落，这些文明无一不顺应自然的力量、

---

① 尼安德特人（Neanderthel）：大约12万到3万年前冰河时期居住在欧洲及西亚的人种。

形式及特征。东方国家不断调整生活与自然的关系，毫无疑问将会在未来创造出更伟大的奇迹——因为这永远是他们与生俱来的动力。"

"我坚信"，格鲁大使总结道，"为了创造一个更和谐的环境，我们西方文化必须采用全新的态度来对待土地和自然环境。我们不妨从道家思想中寻求一些有益的帮助。"

信仰决定我们的所作所为。

怒　潮

有一次我们坐在一辆大巴里，在离中国东海岸很远的地方行驶。突然所有的乘客，包括笔者都吃了一惊，因为有个配置齐全的舢板突然从路边上水稻田的缝隙中冲出来，在我们车边快速前行。短短几分钟内，这只厚实的小船就上升到了四五十英尺高。

这个现象是由怒潮引起的。原因就是，在远处河口，涨起的潮水迫使大量的水流经宽广的河口进入一个狭窄而多岩石的峡谷，水流的上升和浪涛的速度使航道急剧上升。

据我后来的观察，发现来自怒潮的启示有很多实用之处。对"文丘里效应"① 的了解可以避免来自潮水的危险，或者来自连续暴雨累积效应的危险。如果把水流原理应用到空气运动上，就可以通过布置恰当的风景园林形式或建筑，使原本无法察觉的微风成为人们喜欢的循环暖风或凉风。世界各地的原始人都会运用这个原理，设计他们简单的住处。

知识来源于观察；智慧在于运用知识。

---

① 文丘里效应（Venturi effect）：当风吹过阻挡物时，在阻挡物的背风面上方端口附近气压相对较低，从而产生吸附作用并导致空气的流动。这种现象叫做文丘里效应。

德高望重的李建筑师①

为了这次考察旅行，我和同学莱斯特·艾·柯林斯特地准备了一个包裹，里面装了一沓介绍信。事实证明，这些信件非常有用，它们是进入那些"大宅门"的钥匙——使我们能拜访住在里面的人。这次，我们想拜访的是李建筑师，但介绍信上仅仅打着以下的字：

北平，皇家建筑师，李氏家族，李建筑师收

我们向大使馆寻求帮助，得到的答复是：次日再来。第二天，我们又去了使馆，便拿到了写着详细地址的信封——用汉语和英文两种文字书写。信封上还额外用红色墨水加了"尊敬的"字样。拿着信和地址，我们在约定的时间，雇了一个翻译和三辆黄包车，来到了"尊敬的"李先生的门前。很快，我们坐在了李先生的书房里——一位文质彬彬的长者，留着稀疏的白胡子，眼里满是笑意。我们按惯例呷着杯中的茶。李先生看了我们带来的信，然后放下，询问了一些有关我们及旅行的基本情况。

"从这封信上看"他接着说："你们来北平是学习风景规划的，我觉得这个选择很好。你们住在哪里？"

我们说了旅馆的名字。

"你们为什么不找一个长期的住处呢？我希望你们能找一个近点儿的住处。"

我们说只能在北平呆两周，他沉默了。在我们的印象中，他沉默了很久。然后他说：

"北平，你们知道的，现存的大部分建筑是在忽必烈时候建造的，当时这里是他的都城。他延续了祖父——征服者成吉思汗的事业。到目前为止，成吉思汗曾经拥有的国土仍然是最大的。忽必烈的新城——大都，'伟大的都城'——必须反映他无边的权力、财富和威望。"

---

① 我们猜测"德高望重的李建筑师"指的是乐嘉藻（1867~1944年）。乐先生为光绪举人。1895年参与公本上书，1909年先后当选为贵州省教育总会会长、贵州省首届咨议局议长。著有《中国建筑史》三卷，于1933年出版。书中考证了北平城沿革，其中有一幅图便是元大都的平面图。1939年他居住在北京，时年72岁。西蒙兹出游中国正是1939年。

"和平时做其他决策一样，他首先把谋士们叫在一起，共同商讨将建城市的目标和特征。这并不仅是摆摆样子，可汗通常能从这种会议中获得智慧——有关战争的策略、管理的方式，或者就像这个例子，规划新城等。所有可能产生的问题都被详细地一一研究。他们一定长时间地讨论从其他城市能获得的物资量，或者说从被征服者中能得到的贡品量。我想他们也肯定详细地分析过中国当时优秀城市的优缺点。"

"在这方面"，他评论道："我很吃惊地发现了东西方对待历史的差异。在我的印象中，少有例外，西方历史学家总是趋于随意地搜寻过去的残迹。我很困惑他们不提发现物的含义，也不说明文化的演进过程。西方人认为中国人的思维是静态的。其实对我们来说历史是活的，是未来的行动指南和智慧源泉。在每个领域，比如在建筑学中，我们尝试着一步步追溯历史的脚步，去理解——历史的进步、新理念的运用、建筑新方法、新材料和新表达方式的引入。在完成每一个新的项目时，我们都尽力去继承和发展过去的成就。不从历史中学习，要历史学家干什么？研究历史的目的又是什么？"

"回到忽必烈大帝的问题上，在与他的高级谋士们长时间商量之后，他把新城建设的意图画了下来。我这儿有一个抄本。"

然后，李建筑师，担负大都建设的皇家建筑师的后代，走到屏风后面。他从一个漆得光亮的圆筒里抽出一个发黄的卷，很小心地打开。他的阐释精辟得让人至今无法忘怀。

"在这片有良好水源的平原上，将建设一个伟大的城市——人们在这里可以与上天、自然，以及同伴们和谐共处。"

"可汗颁布法令说明城市各个组成部分的目标和特性。首先是那些起到防御功能的部分——灌水的护城河、双层门的城墙和鼓楼、军事道路、兵营和阅兵场。其次，在宽阔大道的中央，安排由可汗的皇室、宫廷和宫殿组成的‘紫禁城’，可汗要坐在玉制的宝座上，管理他广袤的帝国。"

"蓄水池以自然湖泊的面貌贯穿整个都城，挖出的土用来堆成湖边的小山，湖边和山上种植了从帝国各地收集来的树木和花灌木。山顶上建造寺庙和公共建筑，人们在城市里抬头就能看到弧形的屋顶，金色的琉璃瓦在天空下闪闪发光。"

"贵族的府第需经过湖畔和山间的道路才能到达，只有可汗最亲信的官员和下属才能获得这种殊荣——在这样幽静而有良好私密性的地方建设府邸，府邸的大门只向受到邀请或带有可汗印章的人敞开。寺庙院落、政府建筑、工作场地和市场被仔细地规划在一起，以保证供给的便利以及通行的顺畅。"

"最后，关于公共园林和开放空间，可汗命令不能有孤立的公园。更准确地说，整个大都城将被规划成一座巨大而美丽的花园，其间散布宫殿、寺庙、公共建筑、民居和市场，全部有机地结合在一起。"

李建筑师把画卷放回盒子，然后对我们说："从文献中我了解到北平（现在的北京）被一些来旅游的人称为世界上最美丽的城市，我不知道这是否正确。如果真是这样，那么这种美丽不是偶然形成的，而是从最大的布局构思到最小的细节——都是通过那样的方法规划而成的。"

主人鞠躬，感谢我们的到来，并祝福我们在求知的路上好运相伴。此后我们再也没有遇到他。

（*　1939~1940 年，在哈佛大学设计研究生院的非官方资助和日本朋友服务会的大力帮助下，作者和研究生院的同学——莱斯特·柯林斯得以在东亚进行为期一年的学习考察。）

要想规划一个伟大的城市，首先要学习规划园林，两者的原理是一样的。

风　铃

　　那些排列在暹罗①传统寺庙重重飞檐上的风铃不仅仅只是装饰而已。在那酷热潮湿的平坦河谷中，鲜有凉风吹拂。对路上的行人来说，高挂着的风铃发出的轻柔叮当声是在告诉他们凉风到来了，这实在令人心旷神怡。风铃的声音在于让人想像清凉的感觉——不只在暹罗，在任何有风铃或编钟的地方，它们的作用都大致相同。因此，在希望有风吹动的地方，使用风动装置比如旗帜、幡或者活动雕塑等都是明智的选择。

　　设计要突出积极因素。

---

　　①　暹罗：现今泰国的古称。

慷慨的茂物①

　　一个星期天的中午，下着倾盆大雨，我们来到了位于爪哇茂物的一家旅店。在车站，搬运工把我们用帆布包着的行李安放在扁担两头。扎着腰布的搬运工们大踏步走着，沉重的行囊在空中跳跃着。雨水滴滴答答地从他们圆锥形的草帽和油光光的后背上流淌下来。撑着笨重的油纸伞，我们在他们后面蹒跚前行。到了旅店，店主叫我们快点换好衣服，因为马上要吃午饭了——一顿我们不该错过的印尼午餐。

　　很快我们就和三四十个荷兰种植园主、官员及他们的夫人坐在一张长桌前。我们每人的面前都摆着一只大木盘。木盘的中间是热气腾腾的米饭。这时从厨房出来一长队侍者，他们都系着围裙，脚着凉鞋，头上扎着蜡染的头巾。每个人手里都托着装满菜肴或调料的托盘、篮子和碗，依次把菜和调料放进我们的大盘子里。饭菜很丰盛，有大块的猪肉、牛肉，小块的鸡肉、鸭肉，鱼肉，沙丁鱼，切成片的鸡蛋，以及一大堆烤椰子、菠萝、花生、香蕉、腌制水果和蔬菜，还有芒果酱。每道菜都洒上了印度辣椒酱。我们正看着眼前堆积如山的美食，服务生端来了用白兰地酒杯盛放的带冰块的饮料，鲜橙汁、苏打水和大量的波尔斯金酒。

　　在爪哇的"米饭桌"上，人们基本不讲话，只听到刀叉的交错声，吸烟人的吞云吐雾声，女人的咯咯笑声，开心的嘀咕声以及心满意足的感叹声。接下来便是午后小睡。那晚，雨还在下，凉风阵阵，我们睡得特别香甜。

　　第二天早晨，我们拿着一封介绍信去见茂物植物园的主管。到了他的办公室，助理告诉我们他在新加坡。不过，助理仍向我们简单地介绍了情况，并给了我们一张地图和游览路线。

　　因为印尼和日本的战争一触即发，在这座几近废弃的印尼伊甸园里很少有游客或工作人员。我们走在园中小路上，这是世界上最丰富的植物收集园之一——园中繁花似锦，凤凰木、肉桂、刺槐和火焰木的花都开得如火如荼。林下灌木丛和边上的凤梨科植物及印尼兰花相映成趣。离主建筑群不远有一段上

---

　　① 茂物：印度尼西亚爪哇岛西部城市。

坡，我们站在上面向下望，下面是一方宁静、清澈的池塘，里面种着王莲，圆而扁平的大叶子浮在水面，美丽的王莲花静静地绽放。几个皮肤黝黑的小男孩光着身子坐在竹筏般的王莲叶上，欢快地向彼此泼水玩耍。一看到我们，这些小男孩便消失得无影无踪了。没过多久，他们再次出现了，吃力地拖着各式各样的水果——芒果、山竹、橘子、榴莲、红毛丹——他们把这些水果放在芭蕉叶上让我们挑选——并伸出手向我们讨要硬币。

他们指着这些水果，用马来语说道"最好吃了"。我们切开水果并与他们分食。这些孩子说得没错，这些偷来的水果的确是最好吃的。

回到主管的办公室，我们再次与助理谈了起来，他问我们作为美国人，是否知道大卫·菲尔彻尔德①？那时我们并不知道，但他为什么会问这个问题呢？

"因为他是个非常伟大的人，而且对我们和植物园非常友善"，助理答道，"作为一位著名的植物学家和植物收集者，他来这里寻找最好的东西——最美的花卉、树木、草类和谷物，最优质的木材，尤其是最优良的蔬菜和水果。以前，我们总是挑选所有能在这儿生长的植物——无论优劣。但自从他来了以后，我们就一直挑选优质的植物，严格筛选，只留下最好的。

"而且在菲尔彻尔德没来之前，我们总是小心翼翼地不让别人知道我们有哪些植物，因为不想和人分享。这一点我们虽然从来不提起，但事实的确如此。菲尔彻尔德来了之后，由于他对植物充满热情，我们破例给了他一些嫁接的枝条和插条。回国后他给我们寄来了一大袋他的收藏品。使我们难以置信的是他竟然如此慷慨，因为那些种子和根茎都是极其稀有和珍贵的。这其中有许多产自印度和槟榔屿的优质芒果，新品种的香蕉、木薯、鳄梨以及产自菲律宾和婆罗洲的菠萝蜜，甚至还有意大利的柠檬和酸橙，还有中国的橘子。我们看着如此丰厚的礼物，觉得非常羞愧，因为我们给他的太少了。从那以后，我们开始与所有对植物有兴趣的人交流分享——就像菲尔彻尔德所做的一样。现在这已经成了一项惯例，我们给它起了个名字，叫做"美国方式"。

正是由于我们美国的植物收集者和植物遗传学家的相互交流与努力工作，植物的种类和品质得到了很大的改善。在我小时候，水果和蔬菜就已经开始改良了。我仍记得当时的柚子有多酸，水分少，籽又多；橘子又酸又难剥；柠檬

---

① 大卫·菲尔彻尔德（David Fairchild，1869~1954）：美国著名植物学家和植物收集者。

让你酸得掉牙。芹菜又苦又硬，土豆又小又难吃；甜玉米硬得磕牙；萝卜都是黑乎乎的。像冬南瓜、头形莴苣、青豆和花椰菜这些美味菜连听都没听过，更别提吃了。

现在我们不仅得到了大量品质优良的新蔬菜和水果，而且还有谷物、纤维和木材以及众多的观赏植物。我们该如何感激那些先锋植物学家，比如大卫·菲尔彻尔德、艾·威尔逊①和路德·伯班克②——他们一生都在寻找和收集更优良的植物品种。

但愿每个人都能创造出最好的东西并与他人分享。挖掘并与人分享最好的东西。

———————————

① 由于作者没有标出艾·威尔逊（E. E. Wilson）的全名，只给了字母缩写，因此无法查证究竟是哪位威尔逊，但根据上下文的意思，他应该是位植物学家。

② 路德·伯班克（Luther Burbank，1849~1926）：美国园艺学家。

爱与英勇之城

我们来到阿格拉参观世界七大奇迹之一的泰姬陵①，据说它象征了一个男人对他心爱女人的忠贞。它是莫卧儿王朝的沙贾汗皇帝为他的爱妻慕塔芝·玛哈尔而建的。17世纪，慕塔芝·玛哈尔香销玉殒，悲痛欲绝的皇帝命人建造了世界上最华丽的坟墓，并且发誓永不再娶。他一生都坚守着诺言，如今，他已安息在她身边了。

进了大门来到筑有围墙的院子，我们看到一个花园，华丽而对称，所有要素都围绕主题。蓝天倒映在清澈的池塘中，两边是翠绿高大的柏树。前排的树木营造出肃穆的气氛，没有绚丽的花朵，光影静静地掠过陵墓表面的白色大理石。通向入口的过道也没有任何装饰，以对逝者表示尊敬。泰姬陵，以其巨大的规模和华贵的材料，见证了国王的诺言。作为建筑物，简单的设计给人强烈的震撼。当然，它也有柔美的一面，这体现在细节的处理上——窗格上精美的金银细丝图案，大理石上镶嵌着的绿松石、珊瑚和璧琉璃。圆顶和塔尖体现了渗入印度文化的象征主义，同时也表现了这对皇室眷侣间的相互吸引与爱恋。他们的墓穴在用条纹大理石打造的僻静地下室里，有如圣殿，向世人展示了这段让人称羡的爱情。参观泰姬陵的人无一不为慕塔芝·玛哈尔的美丽、"皇室的骄傲"以及国王不息的爱所打动。

来阿格拉之前，我们从来不知道有阿格拉古堡，② 它位于亚穆纳河畔的平原。这座雄伟的建筑占地数百英里，始建于沙贾汗祖先时期，竣工于沙贾汗在位时期，是他的权力中心。

我们去的时候，阿格拉堡由英国驻军重兵把守，大部分地方严禁外人进入。我们被放行了，但只能参观旧王宫的几个独立区域。我们依次进入了正殿、豪华的宴会厅和厨房，还有后宫和游园。其中有一个游园给我们留下了深刻的印

---

① 泰姬陵（Jaj Mahal）：全称为"泰吉·玛哈尔陵"，又译泰姬玛哈，是印度知名度最高的古迹之一。在今印度距新德里200多公里外的阿格拉城内，亚穆纳河右侧。

② 阿格拉古堡（Agra Fort），位于印度北方邦亚格拉县的阿格拉城，亚穆纳河西岸，距泰姬陵约1.5千米。为16世纪莫卧儿帝国所建。后来，它护卫了许多17世纪的清真寺和宫殿，这些建筑都是印度——伊斯兰艺术顶峰时期的代表作。

象，让人难以忘怀。它位于奢华的后妃闺房的侧面，中间有一个釉面砖砌成的大水池，水池周围是盆栽的无花果树。作为躲避白天炽热高温的好去处，游园里有一个深蓝色帐篷形的丝制天篷，上面有一些切割出来的小孔，孔的大小和位置恰到好处，象征着夜空中星座的奇妙组合。

我们穿过散发着霉味的地牢和漆黑的通道，爬到了哨塔的最高点，俯瞰练兵场、阅兵场和一望无垠的平原。这一区域的广袤和防御优势都是显而易见的，而我们在这里待得太久了，这也是显而易见的，因为太阳已经开始西沉。我们顺着原路走回到远处的哨卡，回头看着夕阳映衬下的巨大堡垒。锯齿状的城垛在我们上方若隐若现——气势磅礴，固若金汤。突然，我们听见鼓声隆隆，令人吃惊的是，巨大的城门打开了。整支英国驻军的士兵齐步走出堡垒，他们身着红、白、金三色的军服，着装整齐。他们以营队为单位，以接受阅兵的步伐穿过堡垒的前部，以稍息姿式举行解散仪式。苏格兰高地军乐队行进在队伍的前方，他们敲着鼓，引领着队伍前进。一声令下后，他们转过身，走向通往城垛的内坡道。伴随着大军鼓的隆隆声和悠扬的风笛声，士兵们昂首挺胸大踏步穿过城墙顶端，在夕阳的余晖下，形成了一幅剪影。无疑，每个人都知道所有的英国军队很快将永久撤出印度。雷鸣般的鼓声和风笛声停止了，一位军号手站了出来，举起号角，在寂静的夜晚，吹响了熄灯号。在这遥远的阿格拉平原，我们见证了一个崇高的时刻——堡垒、士兵、天空还有音乐，这一切都成为了英国和印度军事传统的终极象征。

伟大的建筑不仅能实现与展示它的目的，还能重新定义理想。

驯风记

　　旅行的其中一个乐趣就是发现各种地域特色并推测它们的成因，比如服装、食品、音乐和建筑。从湿热的印度沼泽地去往西藏的高山，一路上的变化实在令人目不暇接。这是一条从加尔各答①到拉萨的主要商路，它向北通往丛林密布的不丹山脚，再翻越海拔约14800英尺的嘉乐山口。

　　在横穿高耸的喜马拉雅山的迎风坡时，人们会发现这里的建筑风格和布局方式都非常独特。墙、地面和屋顶都是用石头做的，这一点都不奇怪，因为在世界各地——除了变态的美国，人们搭建房子时都是就地取材的。热带草原的泥土和树枝，游牧民族的兽皮和手织品，林地居民的木制品都是很好的例子。同样，干泥、草皮或极地的冰也都能成为建筑材料。建筑的外形总是直接反映当地的地理特征、物质情况和气候条件。在西藏附近的这个小村里，房子都建得低低的，屋顶略微有些倾斜。这让人迷惑不解，因为在经常下雪的区域，房子的屋顶通常都很陡，就像在挪威、瑞典或瑞士用的雪棚顶。

　　我们的向导兼翻译是位夏尔巴人②，他没有做任何解释。不过那晚他带我们去当地的一家小酒馆，他把酒馆的建造者——一位瘦小的建筑木匠——带到我们简陋的酒桌前。杯子里漂浮着散发着怪味的牦牛油，我们一边喝着，一边看他用粗糙的手比划着给我们解释。冬天的寒风吹过山坡，所到之处每一样物体都受到了极大的冲力。因此房子应该造得低矮些，屋顶能让风雪掠过。当然，房子应选择建在山脊或山丘下，或者把地势较高的一边挖去以加速通风从而阻止空气的湍动。

　　有了雪栅栏，挑出的屋檐下就有一个空间是无风的，这里便是房子的入口处，也是拴家畜的地方。

　　老人越说越起劲，讲解得更详细了。他解释说，如果是面对着小路修建的房子，屋顶是从中间往两边倾斜的，就像鸟收起的羽翼。从头顶吹过的风会把

　　① 加尔各答：印度的最大城市，也是印度的主要港口。它位于恒河三角洲胡格利河左岸，面积为1300平方公里，在纬度较低的印度热带地区，气候终年炎热。

　　② 夏尔巴人：居住在尼泊尔和中国西藏边界的一个部族。

积雪刮走，保持小路和入口的通畅，却不会降低房屋和牲畜棚的温度。如果房子建在小路边上，他继续说道，那么入口就朝里，对着家畜棚，屋顶的朝向要使风顺畅地通过。

他最后强调，"山风是一只张牙舞爪、咆哮着的猛兽，令我们畏惧。雪下在恰当的地方是好事，所以我们利用智慧建造房屋来驯服和引导这风，用它来清扫雪并使雪飘到需要的地方。"

通过仔细思考将不利因素转化为有利因素，这在设计的各个领域都极为常见。

群魔乱舞

　　"只有骑大象才能进去那里。"那是 1940 年，我们就在吴哥①的边界外。这里鲜有游客，方圆几里只有一家客栈。有个法国考古队曾把这儿当作基地，但由于法国与柬埔寨之间的战争，法柬关系不断恶化，考古队早就撤走了。几乎没有游客敢冒险来参观这座刚被发掘的广阔城市。它曾经是一座宏伟的城市，从突然荒废到现在几乎未受任何损伤。它的大部分依旧在地下沉睡，只有几英亩的地方被法国人揭开了面纱。这座曾经繁华井然的大都市仍然淹没在密集的丛林中，隐藏在繁茂的叶子、蔓延的爬藤和丛林垃圾下。巨大的菩提树和木棉树的树干周长一般有 40 英尺或更长，它们从古建筑的铺彻地和墙上生长出来。这些植物长得太茂密了，几乎看不出考古队的挖掘痕迹。

　　吴哥很久以前就是高棉人②的首都，除此之外，后人在研究初期对他们的情况了解甚少。有人猜测说他们全部被敌人消灭了，或者是被瘟疫夺去了生命。据说他们消失得无影无踪并留下了恶毒的诅咒，使得猎人几世纪以来都不敢进入这个区域。直到 19 世纪 60 年代，两位植物收集者被不断听到的"消失"城市的传闻激起了好奇心——他们听说这个城市存在于很久以前，穷兵黩武，控制了大部分现今为柬埔寨的土地。他们两个人组织了一支探险队并在几个月后发现了通往遗址的道路。他们在荆棘中开辟出一条道路后，就被眼前的景象惊呆了，这是一座城市，比亚洲任何一个已发掘的遗迹都更大、更精致。

　　现在我们正和客栈老板交涉，但他很顽固。我们找不到向导，所以决定自行进入那片区域。

　　"自己走路进去是不可能的！先不说毒蛇与猛兽有多危险，光是强盗就够你们受的，现在政府已经撤销对这一地区的保护了。再说如果你们迷路了，谁也找不到你们。唯一的办法就是找个熟悉地形的向导领你们骑大象进去。"

　　客栈老板派人去接一个柬埔寨人过来，他曾经和大象一起为考古队工作了很久。第二天清晨他来了，准备就绪。大象蹲下后，我们抓着软绳坐上了象背。

---

　　① 吴哥（Angkor）：源于梵语 Nagara，意为都市，是 9~15 世纪东南亚高棉王国的都城。
　　② 高棉人：也称"柬埔寨人"。柬埔寨的主体民族。

我们穿过"禁止通行"的标记，经过浓密的丛林，看见一座小而华丽的庙宇。杂乱的石头和丛生的树根阻挡了我们的道路，我们只能从外面窥视，猜测里面会有什么。接下来，我们的运气好了些，进了一座空的寺庙院子。这里以前是探险和休息的中心，地面修整得很好，使我们能观赏到四面墙上用大理石雕刻的壁画。壁画的内容丰富多彩。

它刻画了一部史诗般的陆海战。成千上万的弓箭手和长矛兵在战斗，他们骑着大象，乘着战船在厮杀。阵亡者和溺水的人都成了凶残的鲨鱼和鳄鱼的腹中餐；胜利者得意洋洋地列队前进，驱赶着战俘，拽着奴隶；"神王"接受了加冕，他的脸上充满了傲慢的神色。据说这些雕刻可以和世界上任何现存的雕刻相媲美。

后来有人告诉我们，这些被开发的庙宇只是曾经大都市的一小部分，这座城市方圆几百平方公里。所有已挖掘建筑的材质都是琢石，建筑比例协调，装饰丰富多样。街道是石板铺就的，湖的四周由石头围成，还有平整的堤道、宫殿庭院、寺庙、神龛和政府广场。在城市外围，丛林形成了一道难以穿越的天然屏障。透过丛林，偶尔能看见高耸出树梢的护墙或塔尖。

经由一条长长的石子路，穿过了一条宽宽的护城河，我们来到一座巨大的"寺庙山"——吴哥窟。它从平台上拔地而起，表面被高耸的荷花苞状的石塔所覆盖。和其他古建筑相比，吴哥窟的规模是首屈一指的，其富丽和装饰程度胜过我们之前见过的任何一座建筑。

我们被所见到的奇景深深地吸引了，一点也没有注意暴风雨就要来临了，直到突如其来的雷鸣使我们的大象惊吼了一声。天空由黄色变成了漆黑色，我们赶紧启程返回，但已经太晚了，没能躲过这场倾盆大雨。我们紧紧抓住湿滑的绳子，全身都湿透了。这时驭象人设法使受惊的大象平静下来并将它们赶进一个长廊避雨。我们仍然骑在象背上，缩在黑漆漆的走廊墙边的一角，希望能躲躲雨。长廊外面，风呼啸着，电闪雷鸣。在闪电的光照下，我们发现走廊的墙上刻着很多人像。我们把大象稍稍赶近些，借着闪电，我们看到墙上刻的是狂怒的人在用异常可怕的手段残忍地折磨那些不幸的受害者。这是一本图像百科全书，记录了残酷的暴行与恐怖。我们看得着迷，不由得把脸贴近那些雕刻，突然，我们发现墙上有蜘蛛大小的一些东西。在一道特别炫目的闪电下，我们看清了这些东西，不禁倒吸了一口凉气。在这道墙上爬着的不是蜘蛛而是致命的蓝黑色毒蝎子，它们带有剧毒的尾巴弯曲在头顶上。

我们急忙让大象掉转方向，沿刚才进来的走廊往回走。暴风雨的势头刚减弱，我们就冲进雨里，沿着丛林小径全速离开，奔回遥远的客栈。

在游览了吴哥窟后，人们总是会对它念念不忘，它就像是一个残存的梦。在梦中会浮现出这样一幅场景：荒废了的城市复活了，壮观辉煌，充满生机；强悍的统治者，傲慢的僧侣，衣着华丽的朝臣，宫廷里袒胸露背的贵妇，还有武士、建筑师、雕刻家、工匠和平民。看来，这里一定和其他已经荒芜的城市一样曾经充满活力，例如墨西哥的特诺奇蒂特兰城①，尤卡坦②的乌斯马尔，印度西北部的摩亨佐·达罗③，黎巴嫩的巴贝克和希腊的迈锡尼。

当我们面对废墟思考时，会自然而然地浮现一个问题："就政治、城市规划、建筑和艺术而言，我们这个时代能创造些什么去与古代文明相提并论？"有人也许会举出我们先进的科技和民主、社会的改革，这些无疑都是重要的成果。也许还有人会说，古代的城邦往往是连年征战，人们总是生活在动荡中，他们凭借暴力生存，也毁于暴力。

那我们呢？

众所周知，历史是循环往复的。历史上曾经有过无数的人类文明和文化中心。在以后的岁月里，毫无疑问将会出现更多的人类文明和文化中心。有人会问：当我们人类在憧憬未来时，是否能从像吴哥窟那样的废墟中学到些什么？绝大多数人认为答案是肯定的。

"忘记历史的人必将重蹈历史的覆辙。"

——乔治·桑塔耶纳④

---

① 特诺奇蒂特兰城：墨西哥阿兹特克帝国首都，1521 年被西班牙征服者科尔特斯攻破。今墨西哥首都墨西哥城建立在它的废墟上。

② 尤卡坦：尤卡坦半岛大体上与玛雅文明的影响范围一致。是古玛雅文化的摇篮之一。

③ 摩亨佐·达罗考古遗址：位于巴基斯坦南部的信德省拉尔卡纳县，靠近印度河右岸。今巴基斯坦所在地区最早的文明，是在肥沃的印度河流域发展起来的。到约公元前 2500 年时，这里已出现规模较大的城市，其中之一就是摩亨佐·达罗。

④ 乔治·桑塔耶纳：美国著名自然主义哲学家、美学家，美国美学的开创者，同时还是著名的诗人与文学批评家。

森林山脉

在我们住宅区不远处有一个野餐的好地方。那是一个宽阔的小山顶，生长着许多阔叶树——枫树、山毛榉和橡树——那里还可以欣赏到夕阳西下的景致。我们经常拎着野餐篮去那儿吃晚餐，然后看着红红的太阳落到远处的青山和银色的河流之下，或是欣赏疾飞的燕子在夜色中表演空中芭蕾。

在温暖的午后，我们也会独自或结伴去那儿，倚靠着久经风霜的岩石——它们安安静静、一动不动。我们走近山顶，山里就寂静下来，但渐渐地，又会恢复原本热闹的景象。有时我们的头顶上方会传来山雀唧唧喳喳的叫声，有时会有松鸦沙哑的声音，还有的时候是落单的扑动鴷发出的悲鸣。高高的橡树上，机警的狐松鼠发现没有危险，就离巢继续去收集山毛榉坚果或散落的橡树果。花栗鼠和红松鼠偏爱红色的山茱萸果，它们挂在林下灌木丛中，煞是好看。松鸡在缠绕的葡萄藤间试探着走动，间或有胆小的兔子从洞穴里惊起，它的洞穴在向阳山坡上长着黑色浆果的石楠之间。到处都有鹿和浣熊走过的痕迹。偶尔我们会在这里待到很晚，运气好的时候，就能看到空中树上大角鸮的身影，转眼，它就消失在夜幕中。

有一天，我们发现一块标识牌，宣告"我们的山"将被建成新的住宅区，当时我们真是沮丧极了。

销售商先把房产模型放在林地入口处，每块空地都有一个写着数字的木桩作记号。随着预售的完成，建筑工程开始了。树木纷纷倒下，山顶被削平，用来建造两排楼房。巨大的挖掘机将从页岩中开辟一条通路，正对着这些楼房。路边岩石间的给水沟已经被炸开。所有多余的东西——树桩、残木、岩石、动物穴、鸟巢，甚至无数的落叶都被推下山腰——到处都是，除了西面山坡，坡底将会建成一个加工厂。

由于这些房子有多个承包商，它们的"风格"也各不相同。房子慢慢成形了，房前空地在缓坡上，用作栽种草坪和奇花异草。以后居民入住后，透过面对道路的落地窗向外看，他们会看到邻居开车经过——这些邻居就是他们在山上能看见的唯一生物。也许这些新住户会在晚上聚在后面的院子里烧烤，那些住在最佳观景位置上的人们会吃惊地发现下面有一个污水处理厂。他们就去提意见，但开发商却指出，这个工厂的位置一直就在规划图上的。再说，这个工厂"只是临时的，因为过不了多久，这整个区域都会有排水沟的。"

尽管现在绿化还很不理想，但房主们坚信不久以后他们就能在树荫下休息了。但这一设想很令人怀疑。因为这要求小树苗在光秃秃的山上，顶着狂风茁壮成长。当然，如果植物得到适当的排水与灌溉，它们会长得很好。但这也有问题，因为绝大多数的树坑是从重质黏土中挖掘出来的，而且究竟有没有灌溉系统也是个"未知数"。开发商解释说，"我们好像低估了需水量，但在每个新开发区总会有类似的基本问题。"

大多数新居民仍然住在这里。事情没有像预期的那样顺利，但他们相信"一旦这些小问题被解决了，"他们就会感受到新社区——森林山脉——给他们带来的世外桃源般的快乐。

我们经常在建设中毁掉了最先吸引我们的部分。

埃　迪

我叫埃迪，今年 5 岁。我和波比、卡罗苏一起住在枫树街。爸爸说他们是我的伙伴。我们总是在小区里来回骑三轮车然后去附近的空地爬一棵倒下的树。我们在平的地方钉了几块木板，去玩的时候可以坐在上面。我们在那里吃花生酱、果酱三明治，喝巧克力牛奶。有时我们会东挖西挖，爸爸还做了个秋千挂在那儿，我们玩得可开心了。

昨晚洗澡的时候，妈妈对我说，"今晚可得用力把你洗干净，明天你就要去上学了。我把你的衣服拿出来放在……"

"上学？我不想去！"

"为什么呢，埃迪，你当然要去，"她告诉我。"大男孩总是要去上学的，你现在已经是一个大男孩了。"

（有时候你真不想做某件事，偏偏他们叫你做的就是这件事。）

"波比和卡罗苏去吗？"

"不，他们还小。"

"那我也不去！"

第二天早晨，妈妈开车送我去学校，我说，"我讨厌这个地方，又大又可怕。"

妈妈说，"你说的是旧式高中。你的新幼儿园就在这后边，你还没有看见过。听说那儿很有意思。"

停下车，妈妈绕过来打开车门并牵着我的手，我们向幼儿园走去。我看到了一个小门，漆着粉红和白色的条纹，就像一块糖果。你一推门，门铃就会响起来。里面有一个沙池，全是白色的沙子，沙子里面有一个石头做的黑色小河马，全身亮光光的，有几个孩子正在试图爬到它的背上。我走进去拍拍它的头，当我转身做给妈妈看时，她已经走了。可我不在乎……

我喜欢这儿。这儿有秋千，有很多可以攀爬的地方；还有一个圆圈，里面有各式各样的线条，用来做游戏。有一棵大树，树枝往四周伸展，在你头顶像一顶帐篷。树下有宽宽的木制台阶，每一级的形状都不相同，有的可以爬上去，有的可以在上面摇晃，还有其他的，总之都是让你有事做的。爬到最上面会发现那里有些空盒子和木板，可以用它们搭东西——盒子和木板是红色、橙色或黄色的。你还可以从一个螺旋形的滑梯上滑下去。甚至墙上也有小动物的图案。专门有一面墙是空出来的，让孩子们乱涂乱画。窗下有许多盒子，里面种着鲜花。门边有一根小旗杆，老师会和孩子们在那里升旗——孩子们轮流当升旗手。那是我们开学后才知道的。

　　对于埃迪和他的新同伴来说，第一年的学校生活是在成长过程中进行发现和探索的阶段。透过教室大大的窗户，他们能观察到枫香树的叶子在秋天变色，兴奋地看到冬天第一场雪的到来，冰雪融化、嫩芽成长，四月春雨降临，番红花在春雨中绽放……。

　　在小埃迪生活的城市，如果计划建设学校、儿童游乐场、购物街或购物广场、公园、道路、新居住区以及复兴的城市中心区，在设计时都能像这所幼儿园一样充分考虑使用者的感受，那么埃迪和伙伴们的生活将会变得更加丰富而有意义。

　　"那当然，"有人也许会说。"难道平常不是这样做的吗?"

　　不是的，我们希望有朝一日的确如此，但现在并不是这样。否则为什么现在大多数儿童游乐场都是铁丝网围着，里面铺着沥青混凝土的不毛之地呢?

在塑造环境的同时，我们也在塑造自己的生活及生活方式。

柠檬汁

我的车刚开进家门前的车道，孩子们已经在那等着了。

"爸爸，"他们甜甜地叫，"今天好热啊，您能给我们做点柠檬汁吗？"

我拿起公文包走出车子去招呼他们——苔雅的门牙缺了两颗，扎着麻花辫，留着刘海；陶德拿着玩具手枪，带着牛仔帽。

"没问题，"我说。"我想冰箱里还有几盒。"

"我们指的是真柠檬，"他们强调道。"妈妈今天买了一些柠檬，就放在厨房里。"我们一起进了门。

放下文件，我开始忙活，孩子们争先恐后地挤过来看。我拿出柠檬，然后到抽屉里去找一把切柠檬的刀。我抓到的第一把刀太钝了，因此继续找，第二把刀还是钝。我以前说过要把它们磨得锋利一点然后再买一个刀架把它们放好，但一直无暇以顾，看来现在非做不可了。我磨好刀，切开柠檬。准备好一盒糖，在水壶里装了半壶水，然后往水里倒进去整整一盘冰块。再把柠檬片放进水里，加了几块糖，从放刀的抽屉里取出长柄勺搅拌均匀。舀了一点尝尝，味道酸了点，还要再加点糖。大功告成后，我倒了两杯，递到两个眼巴巴看着的小人儿手上。孩子们说了句"谢谢爸爸！"，就飞跑出去爬进吊床，一边摇晃一边享用他们的饮料去了。

我擦着台子收拾着东西，想着怎么才能把柠檬汁做得更好。这时我想起了大岛君。

我在东京遇见他的，他是一位年轻的建筑师，那时我还是个学生。有一次他请我去他家。我们正讨论他的研究，这时，传来几声轻轻的敲门声。

"我们能和您说句话吗？"一个孩子的声音问道。

大岛君拉开推拉门让他的儿子、女儿进来，他们都穿着和服。

"打扰您了，亲爱的父亲。"小女儿说道，"我们希望您可以给我们做一杯柠檬汁。"

我们都到了厨房，看他如何做柠檬汁。孩子们为了能看得更清楚点，都站在凳子上。他们的父亲先从架子上拿下一个柚木质地的碗，放在台子上。碗里排放着 5 个泛着微光的柠檬。为什么是"排放"呢？因为无论是什么，日本人一定会将它们排成让人赏心悦目的图形。为什么是柚木质地的碗？因为柠檬在造型优美、深褐色的碗里看上去显得最好。他拿出一个黑亮的罐子，打开盖子让孩子们看里面的白砂糖。他选了一个合适的水壶，从挂钩上取下一个长长的木勺，然后把这些东西放在台子上。他从碗里选出两个柠檬并递给孩子们，让他们欣赏柠檬的色彩和光滑的纹理。大岛君用指甲把两个柠檬划开，水果的清香一下子飘了出来，孩子们非常开心。

他从一个盒子里拿出一把切柠檬的刀，这刀像所有的日本刀一样经过精心的打磨。他揉着柠檬，让汁水出来，然后娴熟地把柠檬切成片。柠檬片在砧板上形成一个弧线，这不是偶然形成的而是有意这么做的。他打开水龙头往壶里加了些水，再放进冰块，用木勺搅拌加速水的冷却。孩子们都身子前倾着去看起起落落的水泡和一沉一浮的冰块。接着，柠檬片顺着刀身滑落到水中，它们在水中缓缓落下，好像在跳着优美的芭蕾。最后，父亲将四大勺糖分次放入壶中。每一次放糖都会引来孩子们欢快的叫声，他们快乐地看着白色的砂糖穿过柠檬片和冰块散落下去。

大岛君把刀和勺子洗净擦干放回原处。他拿了一个竹盘，排放好四个玻璃杯、水壶和餐巾，摆在露台的桌子上，我们也跟了过去，坐下。他熟练地倒着柠檬汁，递到每个人面前。孩子们很自然地向父亲鞠躬表示感谢，他则举起杯子提议干杯。

"干杯！"他微笑着对他们说。"祝大家永远快乐！"

我站在匹兹堡家中的厨房，回想起那次拜访大岛君的经过，不由得自言自语，"那才是真正的柠檬汁啊！"

注重细节能使我们的生活锦上添花。

把酒闲谈

那个餐馆在波哥大①，和边上巨大的斗牛场相比，它显得很不起眼。它的名字么，即便我当时知道，现在也早已忘记。但我永远也不会忘记那顿晚饭，还有和道明格一起在那度过的夜晚。道明格来自马德里，是我在大学里一起教书的同事，也是一名卓有成绩的建筑师。他邀请我下课后和他一起吃饭、喝酒。

我们穿过一条曲折狭窄的街道，看到一堵破旧的墙和一扇毫不起眼的门。进门却发现自己置身于一个古老的庭院中，路是石板铺成的，喷泉在汩汩作响，边上是一棵巨大的木棉树。洞穴般的小餐馆的门向庭院大开着，里面黑乎乎的，不时传出闲聊声，酒杯的叮当声和熟悉而带点伤感的吉他声。进去坐下后，没等我们开口，侍者就开了一大瓶马德拉白葡萄酒放到面前简陋的桌子上。接着把手伸进我们面前的一堆牛脂里，摸到一根蜡烛芯点燃，火花发出噼啪声。他向我们介绍了菜单，那晚的特色菜是"油炸公牛蛋"和西班牙什锦饭。"油炸公牛蛋"是道开胃菜，是一盘切成薄片的酥炸小牛睾丸。西班牙什锦饭是一瓦罐妙不可言的大杂烩，里面有热气腾腾的美味烤肉、蔬菜、芳草和糙米，带有浓厚的西班牙传统色彩。

我们惬意地吃饭、喝酒、聊天。道明格评论着这座古老的殖民地城市里精细铁器的质量：

"这里有很多富丽堂皇的大门，可以与天堂之门相媲美了。"他继续说道：

"每一扇大门都是某个艺术家的杰作，所以才会用在宫廷或官邸里。每扇大门都有各自的特点，或含蓄或直接地反映主人高贵的地位。它们的设计像是一部铁质的交响乐，有一个明确的主题，有与主题相关的泛音及对位旋律。每一个铁条，每一个曲面，每一个花形雕饰或团花图案都放在恰当的位置，发挥它们的作用。如果将门的设计转换成加权线，那将会产生完美流畅的力图。完成后把门装好，页扇就会牢牢地将门固定。开关门的时候手指轻轻一碰，门就会轻松地打开。这种技艺已经远远不止是手工技巧，它需要灵动的手、敏锐的目光和善于思考的大脑。在真正精良的门上，你会发现工匠在铸造时惜铁如金，

---

① 波哥大：哥伦比亚首都，是哥伦比亚最大的城市。

没有用一块多余的金属。真可谓增之一块则太多，减之一块则太少。"

"可惜现在，这座城市的建筑大门已经臭名昭著了，到处充斥着低劣的仿制品——许多毫无意义的装饰和铁块杂乱无章地堆在一起，似乎是造型越古怪越好。这些毫无品味的东西在那些流畅简洁的伟大作品面前是多么地暗淡无光！"

道明格越说越激动，语气加强了许多。

"我开始觉得，"他继续说道，"不仅仅是造门，其实所有领域都一样——真正的艺术品、真正高明的作品并不复杂，没有过多的装饰和花样——都是内敛、直观和毫不做作的。本地产的羊毛外套（斗篷）和全植鞣皮箱（手提箱）在外形和编织上都是如此。陶瓦屋顶、石墙和手工制作的罐，或是这些吹制而成的玻璃酒瓶，它们为什么如此优美，原因也在于此。"（我们面前已经有两个空酒瓶了，这也许解释了我为什么没有一直注视着这西班牙人黑眼睛的原因①。）他顿了顿，将我们的杯子都倒满酒。

"你去过阿尔罕布拉宫②吗？"他问道。"没有？那你一定要去看看。整个摩尔族诸王的宫殿城堡都是纯朴自然的，就像这张桌子一样。感觉我现在都能看见它……

"安达卢西亚③平原周围是大片的农村，棕色的平原就像起伏的波浪向阿尔罕布拉延伸着。这儿有一座高高的石头山，城堡就建在山顶，城垛高耸入云。想像一下历史吧，如果有人靠近城堡，看到摩尔人的旗帜飘扬，那会是什么景象！

"城堡是用从山腰运来的石头建造的。阿尔罕布拉宫布局随着地形的起伏而高下，地势高的地方建塔楼，地势低的地方修庭园，连接宫殿各处。与墙外阳光普照的山坡截然相反，内庭翼避在阴影中——有些庭院种着青翠欲滴的植物，另一些则有清凉可人的喷泉或是浅浅的小溪，溪底满是小小的卵石。

"尽管建筑外墙和拱门上的几何雕刻图案复杂无比，但它们基本的形式还是很简单的。宫中房间和走廊宽敞明亮。我记得很清楚，里面有一条拱形走廊，

---

① 欧美人士在与人交谈时，为了表示礼貌与专注，都会一直注视对方的眼睛。

② 阿尔罕布拉宫：西班牙的著名宫殿，为中世纪摩尔人在西班牙建立的格拉纳达王国的王宫。"阿尔罕布拉"，阿拉伯语意为"红堡"。为摩尔人留存在西班牙所有古迹中的精华，有"宫殿之城"和"世界奇迹"之称。

③ 安达卢西亚：源于阿拉伯语，意思是"汪达尔人的土地"，西班牙南部富饶的自治区。

刷得很白，以反射耀眼的阳光。地板由上釉的蓝色瓷砖铺成，使墙壁和顶棚的白色不那么刺目。身着深褐色长袍的祭司——或者穿着黑色衣服的大人物——当他们行走在这条阳光灿烂的蓝白色走廊时，看上去非常尊贵！那真是无比的优美！无比的睿智！无比的纯真！"

春天是牧鹅女，从山上走来。

一切可爱之物，在我看来，都是那么地简单朴实。

埃德娜·文森特·默蕾①

---

① 埃德娜·文森特·默蕾（Edna St. Vincent Millay）美国历史上第一位得到普利兹诗歌奖的女性，才气逼人。托马斯·哈代曾说，"美国的两大魅力：摩天大楼与埃德娜的诗"。同时，她独特的波希米亚生活方式、她和男人还有与其他女人的恋爱故事也向来令社会正统侧目甚至反目。

天空之城

每当回忆起在哥伦比亚的波哥大度过的快乐时光,我的脑海中就会浮现一些很有趣的对比。除了富裕和贫苦之外还有:

上升与下降,

陡峭与平坦,

湿冷与干热,

黑白与彩色,

空间与实体。

关于"上升"的记忆是我坐着缆车,头晕目眩地从"天空之城"上到兀立的山顶。从那里看脚下纵横延展的城市,就像浮云掠过很多阳光普照的立方体。"下降"让我想到的不仅有坐缆车从最高点往下冲的场景,还有那次去附近一个盐矿和地下大教堂。很多年前,在一个千疮百孔的盐矿里,一群矿工奇迹般地在盐矿坍塌时得救了。为了感恩,他们发誓要完成一项极其艰巨的任务——造一座地下神龛来供奉圣母玛丽亚。经过多年的不懈开凿后,一座气势恢宏的大教堂建成了!柱子、墙、高耸的拱门、耳堂和圣坛都精美得无可挑剔。整个复杂的地下空间不是"筑"起来的,而是从坚固而光滑的岩盐中"凿"出来的。这里充满了圣洁之美,成排的许愿蜡烛将大教堂照亮,散发着柔和、神圣的光芒。在这静谧中,无论音乐还是人声都显得那么纯净。

其他的回忆是:我们沿着狭窄崎岖的之字形山路行驶,一路开到山巅悬崖边,去欣赏云雾笼罩的热带雨林。我们艰难地穿过路边湿漉漉的杂草丛,采集到了几满抱的珍奇植物。我从未在其他地方看到过这么奇怪的植物形状、叶子、花和种子。光是一满抱这样的植物,如果在北美,就可以为一家花店带来一笔可观的收入。

和山顶奇遇完全不同的是在拉普拉塔平原①(或河流平原)上度过的一天。从波哥大最西边出发,盘山路贴着高耸的峭壁急转直下,到了几近海平面的稀

---

① 拉普拉塔平原:南美洲第二大平原。介于安第斯山脉、巴西高原和巴塔哥尼亚高原之间,东临大西洋。面积150万平方公里。

树大草原。天气闷热，小草垂着头，无精打采。浑浊的拉普拉塔河慢慢流过红土地，形成一个 U 字。

关于黑色和白色的记忆，源于我住在一个朋友家的经历，当时主人去休假了。园墙和现代风格的单层房子都是混凝土的，表面全部刷成粉笔白。惟一不是黑白色调的，是那些淡咖啡色羊毛小地毯和漂亮的原木或皮质的当地风格家具。每个房间的墙上都有大小不一、黑色、白色和灰色的影印品，用菠萨①板平整地裱好，布置得极具艺术感。影印品都是关于古希腊的，它们使这些阳光灿烂的房间看上去舒适怡人。后来我去其他人家中拜访——有建筑师、编织师，还有画家——领略到了极富拉美特色的绚丽色彩：红色、紫色、橙色、黄色、紫罗兰色、蓝色还有深绿色。由于和脑海里的黑白色调形成强烈对比，这些给了我极大的震撼。

很明显，这样的色彩对比能为城市或乡村生活增添乐趣与欣喜，没有变化的生活是单调的。的确，我们现在也许会明白对一个地方的喜好通常取决于令人赏心悦目的对比。很多明智之士已经意识到，所有优秀设计的核心目标都是统一性与多样性的结合、和谐与对立的统一。

然而，关于波哥大绝大多数的记忆，是我沿着弯曲的道路步行的经历，这是因为我在波哥大最喜欢的消遣是"寻找大教堂"。每天我都会拿着照相机，去城里某个我不熟悉的地方，再一路穿过曲折的街道，最终到达市中心的大教堂。我想知道，当一个人走过一系列道路和场地时，有多少美景能进入相机的镜头。在一个网格状的城市，人们走在街上时会发现一切都变得越来越大；而在道路曲折的城市，比如波哥大，景色总是在不断地变化，并且会出现许多画面不同的蒙太奇效果。

这些体验使我认识到，不仅是这样的冒险，就连生活本身也是穿越多形态空间里连续体的一系列线性运动。每一个空间的设计都符合它的功能，每一个过渡区域也是如此。它们使人适应将来，或者扩大过去的效果。人们从低处进入高的建筑时会觉得建筑更高了；从黑暗中进入明亮的地方会觉得那儿更加明亮。同理，凉爽的也能变得更凉爽；温暖的变得更温暖；社会更加安宁；人们的精神更加愉悦。或许一系列有益的因素会加强人生阅历给我们带来的影响。

---

① 菠萨：美洲热带产的一种轻质木材。

我们风景园林师就是系列体验的塑造者。对我而言，这个简单的道理为我打开了新的视野，让我对规划和设计有了全新的理解。

生活体验不是静态的事件，而是动态印象的流动。这通常是设计的主要内容。

宾夕法尼亚的谷仓

在春季学期的最后一堂课结束后，我在学生会里喝着咖啡，吃着核桃味的烤面包圈。我放下手中的盘子，和坐在旁边的一个学生聊天。

"暑假打算做什么?"我问他。

"我要去兰开斯特郡，"他告诉我，"去考察宾夕法尼亚的谷仓。"

"谁组织的?"

"呃，"他说道，"我认识一位叫娅娅的女孩，她住在靠近利特兹的一个乡村。她告诉我有关村民在建谷仓的事情，听完之后我想亲自去见识一下。我要做一个关于'结构'的暑期课题，自然要去看看谷仓的构造。说不定还能泡上娅娅呢!"

尽管我没有说，但我觉得这是个好主意。

九月初，我们在自助餐厅排队打饭时再次相遇了。

"你的暑期计划完成得怎么样?"我问他。

"非常棒，"他告诉我，"兰开斯特农夫的女儿有别的想法——至少她父亲有。不过那个谷仓考察比我想像的还要好。"我们放下盘子，摆好早餐，他继续说道。

"您永远都想不到那些安曼教派①的农民在建造谷仓方面有多么聪明。每一个谷仓都基本一样，但每一个又不同。"

"它们看上去都差不多，因为都用了相同的建筑材料——基础是石头，其他部分用木头。每一块木头都恰到好处。用作谷仓梁柱的木材都是取自晾干的橡树——白的，黑的或淡黄的；松树或铁杉被认为是最好的墙板材料；雪松板或红橡木板通常会用做屋顶材料。栓和销子是由木屑或山胡桃木做的。对于每个部件——地上的铺板、围栏板、通风天窗、畜栏、门、门闩、楔子、楼梯和滑

---

① 安曼教派（Amish）：安曼教派是17世纪晚期从瑞士门诺教派脱离出来的一个基督教再洗礼派正统教派，一批来自德国、瑞士的教徒在17、18世纪移居美国宾夕法尼亚州东南部，如今，那里的居民很多是其后裔。他们以过着简朴的生活而闻名，拒绝使用汽车、电话、电视等现代设施和手枪等武装器械，坚持19世纪的生活方式。

轮——这些都用专门的一种木头，事前，木头会裁好上漆。大多数农民都会精选一些厚板或原木存放起来以备橡木不够之需——有枫树、樱桃树、苹果树、胡桃树、灰胡桃树、白杨树、橡胶树、椴树，甚至还有榆树和柳树。

"光是谷仓本身，它在建造中至少会用到十几种木材。等它配备好运货马车、机器和工具后，懂行的人还可以举出 20 种甚至更多，他还会告诉你每一种会放在什么位置，起什么作用。

"所有谷仓的体积和容量都是经过工匠师傅精确计算的。他对每一个谷仓都进行定位与规划，力求最佳地保存和分配热量，提供通风，并满足每一种动物的需求。他甚至懂得如何将动物分群，以最好地利用动物自身散发的热量；他知道每个牲口栏和粮食围栏的最佳尺寸和形状，并将它们置于最便于干草的投入、粮食和饲料的倾倒以及清扫的地方。门口有坡道，建在朝阳的地方，以保持干燥；建造冬暖夏凉的地窖；堆放干草垛以吸收太阳的热量，避开疾风暴雨。每个细节都经过这样周密的考虑。即便是符咒——画在门上的几何图案——也是经过精心设计的。你也许觉得它们不过是一种装饰，其实不然。每一个图案都是一个故事，讲述家族的历史以及祖先的来历。

"我刚才说每一个谷仓都差不多，但又是不同的。不同之处在于它们和地面与其他建筑之间的协调关系上。

"暑假期间，"我的年轻朋友继续道，"我画了很多谷仓的建筑测绘图，想找出最理想的布局。但每次画完，我都发现它们的设计很合理，我根本想不出有什么更好的建造方法。那些农民不谈设计，他们只是尽力而为，结果，每一个谷仓都是杰作。以前我一直认为最高的建筑形式是哥特式教堂，现在，您知道吗？——我觉得宾夕法尼亚州的谷仓才是。"

"您有事要忙吗？"他问道。我告诉他，"没有。"于是他接着说：

"刚开始我把谷仓当作建筑结构来观察，但最让我吃惊的是那些农民在建造谷仓和农场里的其他东西时所花的大量心思。当然，任何事情都是有原因的。农场的辅助性建筑一般都建得比较集中，不仅为了方便，也为了保存热量和让牲口躲避暴风雨。谷仓和牲口栏永远不会造在住房的上风口，不然的话，房子里就会充满牲口粪便的臭气和苍蝇了。因为同样的原因，鸡舍也是建在边上的。住房也不会建在谷仓的上风口，因为烟囱里的火星可能会使干草堆着火。冷藏室是往山里挖进去的，前面有住房或者树遮挡，在厨房附近，离园子也不能太远。有的溪流是由泉水汇入而成的，从牲口栏和谷仓流出来的水不能排入这样的溪流。溪流两边的土地通常都用栅栏围住，用作牧场，或是用来播种需要厚土和大量水分的庄稼。农田和垄沟是根据地形而设的，既承接雨水，又防止侵蚀。林地是用来防风的，如果需要的话，还会种上防风林。果园在向阳的山坡上，靠近山顶，这样果树就不会受到霜冻和北风的侵袭，果子也可以早点成熟，卖出好价钱。

"整个农场的建筑群都经过精心布置，以达到从公路上看过去最佳的效果，因为每个人都为自己的家宅感到自豪。

"我们把住房建在公路的后面，以避免交通噪声和灰尘，但离公路不能太远，不然的话，搬运东西时就麻烦了，而且下雪天出门也不方便。说起公路，我们要把小路和通道安排好，用来连接所有的建筑和农田。您知道我们是怎么做的吗？我们先把每个点上需要做的所有事情都考虑好，然后有条有理地完成。我们……"。

他顿了顿。"啊呀，"他惊讶地说。"我开始像农民一样思考了！"

"或者说，"我建议道，"像工匠师傅一样了。"

我一边站起来走向餐架去还餐盘，一边拍了拍这位年轻朋友的肩膀。"没泡上娅娅，真是可惜，"我说。"不过我觉得你今年暑假实在太值了。"

体验出真知。

斯德哥尔摩方式

怪不得这么多人喜欢斯德哥尔摩。它是一个风景如画的礼仪之城，有着所有城市的优点，却几乎没有其他城市的弊病。这儿整洁、明亮、繁华。相对于其他很多城市来说，它的治安很好。城市的规划也很合理，新的建筑和老的建筑有机地组合在一起。市场和购物街熙熙攘攘，很是繁华；公园都是免费的，里面的氛围让人轻松愉悦。这个城市流水潺潺，绿树成荫，空气清新宜人。城中的住宅区安排也很合理，独门独户的家庭用房分布在郊区以及开阔的乡间；人口密集的公寓房围绕着城市中心而建，以方便步行或骑车上班的人们。即便是道路也和城市的建筑有机结合——道路不是穿越，而是连接各个街区，并且环绕闹市区。

斯德哥尔摩的城市规划是经过深思熟虑的，这点领先于世界其他很多城市。城市是由一个选举产生的志愿者委员会指导下的一批训练有素的专业人员规划的。每个职务的任期有限，而且不能连任。建筑师、工程师、艺术家、诗人、银行家、各阶层领袖等等都参与了这个规划——这些人都是各自行业的佼佼者。委员会成员地位很高，每个市民都把能入选委员会作为极高的荣誉。大家认为土地属于城市和所有市民，应当根据严格的条款进行使用。目标很明确——保护和完善斯德哥尔摩，把它建成最适合人们居住的地方。

有了这样的理念，怪不得这座城市的公共交通系统在很多方面是其他城市无法比拟的。城市发展到一定的程度，就需要把郊区城市化，如果不好好规划的话，结果是无法想像的，不是道路变得越来越拥挤就是大量农田被破坏（美国的很多城市都这样）。

斯德哥尔摩和美国城市采取的方法不同，她把交通系统的扩展和新兴城镇的建设结合起来。在周边郊区选取大家都认可的地点作为新建城镇的中心，修建适合郊区的快速运输线和林荫干道，为人们提供尽可能好的交通系统，方便他们进出斯德哥尔摩的中心商业区。交通线的终点被建成多层次的中转地，人们可以非常方便地到附近的商场和办公场所。这样也保存和鼓励了人们在市区步行的热情。同样，在每个新建社区或城镇，人们可以通过地面或者架空的交通线路很方便地到达目的地，或者出发去外地——而不会打扰人们在广场入口的活动。

我从斯德哥尔摩出发，乘坐一列豪华高速火车，飞驶过开阔的美景，去参观几个热门的新建城镇。坐在我旁边的是一位衣着整洁的瑞典少妇。她见我拿着宣传册和地图在看，就用英语对我说："我想您会喜欢这些新建城镇的。"顿了顿，她又说："尤其是我们镇。"我抬起头来。她接着说："当初刚从斯德哥尔摩搬到那里的时候，还觉得心里没底，不过现在我坚决不搬那儿了。""为什么啊？"我问。"首先，"她回答道，"我喜欢这条路线。它方便快捷，从城里的地铁站到我们镇的广场只要不到 15 分钟的时间。我早上出来上班，晚上回家，每次在这条路上我都能看到森林和农场，实在令人赏心悦目。"

听她说这番话时，我就在想着自己国家的高速交通线——纽约的，匹兹堡的，还有芝加哥的。锈迹斑斑的列车吱吱嘎嘎地在扔满垃圾的铁轨上行驶，沿线是屠宰场、货栈、污水池和垃圾场，一切都让人看了恶心。在美国，乘坐高速交通线是欣赏不到美景的，一眼望去，全是乱糟糟、脏乎乎的。"另外，"我那可爱的旅伴继续说道，"我不再需要自己开车了。火车能很快地把我从市中心带到我住的社区中心。在斯德哥尔摩，只要走一小会儿就能到达火车站，从我们镇的广场到我家也只要一小会儿。""您真幸运！"我不由得说。"哦，不，这和运气没有关系。"她回答道。"整个都是这样的。""什么整个？""这些新建城镇全都通了高速交通线。这样规划的目的就是方便人们进出，而不需要自己驾车。"

列车减速驶入一个车站。"走，我带您转转。"她说。过了一会儿，火车继续往前开了。车站建造得非常吸引人，我们通过自动扶梯从底层来到一个很吸引人的步行广场。它由几个相互连接的庭园组成。每个庭园的路面都修得非常平整，还设有喷泉、雕塑、盆景和各种树木。

"我住在离这不远的公寓楼里，"她对我说，"从我家望出去可以看到镇中心。这儿一应俱全——有百货店、水果店、餐馆、花店、书店、咖啡屋……"正说着，一股香味飘来，我们忍不住进了一家小糕饼屋，想喝点咖啡，吃些糕点。糕点种类繁多，五花八门——有果仁酥饼、水果馅饼，还有各种巧克力、坚果、水果、奶油夹心的蛋糕。我们在糕饼屋外面的一个圆点遮阳伞下坐下，继续聊天。"高速铁路沿线的各城镇不尽相同，但在很多方面是一致的。在公寓区都有一个中心步行广场，它边上有一个公园，这个公园禁止一切车辆出入，所以我们可以从那里穿过去，走到其他公寓楼。在这些建筑的外面是联排住宅、别墅和独门独户的家庭用房。我们这儿的人很少看见有汽车经过。""镇中心不允许开车吗？"我问。"只有送货车可以开到商店后门卸货，还有消防车、警车、救护车等用于紧急情况的车辆可以行驶。停车场也是有的，不过在边缘地带，是为住在城镇周边的人而建的。这些人通过快速路从城里过来，从城镇后部进来，把车停在他们所在的社区和车库。他们住的地方面朝森林公园，所以不用穿过街道就可以很方便地步行或者开车去广场。现在您明白了吧，为什么我们都喜欢住在这里？"我当然明白。

有了这样的创造性的规划，无论是城市还是郊区，人们的生活都不会受到穿越街道的车辆和中心停车场的影响。乘坐汽车和高速铁路就像倾听一首美丽流畅的插曲。安全性、效率和生活品质由此得到了极大地提高。为什么效果如此显著？就是因为这种格局几乎是独一无二的。尽管在美国，我们早就知道城镇和城市一直是并且现在也是通过铁路、高速公路以及河道连接，但我们的规划师从未想过这样的连接应该预先规划过而且安排在社区的所在地。我们的交通线是一条直线排列过去的，根本没有考虑郊区的完整性或者区域中心布置的最佳效果。除了公园的休闲大道，规划师也从未考虑过道路的视觉效果和使用者在旅途中的感受。另外，我们国家的道路或城市规划师也很少顾及景观保护和改善，他们不会想到在规划城镇或城市中心的同时把交通线一起设计进去。

美国的高速公路和快速铁路线主要是为了满足人们从一个城市中心到另一个城市中心的旅程需求，而这些城市都是拥挤不堪的。因此在建设中，规划师就要求交通线不惜一切地穿越社区，这样就干扰了市民的生活，而规划师们的目的是服务市民，这实在是太讽刺了！如果美国的规划师能向瑞典学习，把零星分布的城市或城镇中心通过高速交通线有机地连接起来，从而达到各方面的平衡与和谐，那该多好！

有时，我们必须用不同的方式来看待事物，这样才能看得更明白，想得更透彻。

西贝柳斯①

西贝柳斯的音乐给我带来很大的冲击，让我在脑海中勾勒出这样的景象：幽暗的峡湾，咆哮的大海，神秘的岩石洞穴，晾鳕鱼干的架子，静静的白桦林，白雪皑皑的高山，还有呼啸的山风以及眩目的阳光。

他的音乐有着国王般的庄严和行进队伍的力量，但它也有如牧人、猎人和水手般的坦率与单纯——有母亲和孩子间的温情，有纯真少女的活泼与轻快。阵阵狂喜中隐藏着点点忧郁，欢声笑语中暗含着些许哀怨。无论是过去、现在还是将来，音乐都是永恒的，让人安静，抑或激励人心。年轻时，每每听到西贝柳斯的音乐，我总觉得必须去芬兰。

数年前，我到达赫尔辛基后，立刻赶去酒店体验我的第一次桑拿。显然，这是个错误。在进入一个雾气腾腾的房间后，我被告知要脱去身上衣物，并在一个阶梯式的长凳上就座。我爬到了最上面，灼热的蒸汽像云雾般迅速将我包围。这，又是一个错误。我不敢再动了，只能忍受这一切，暗自祈祷能够早点解脱。接下来发生的事远远出乎我的意料。一位满脸皱纹的老太太进来示意我下来。我站在那里，全身红通通的，像只煮熟的龙虾。她把一捆细树枝浸到装着冷水的桶中，然后就像挥舞着一把大掸帚似的，用树枝粗暴地在我身上痛打。我几乎想要还手了。最后，她终于停了下来，把一个水桶浸到盛有冰水的水槽里——这我没有看见——然后把我按到冰水里。这也是我最后一次芬兰式桑拿。现在，对我而言，西贝柳斯音乐的意象中除了那些永恒的元素，还包括——一捆树枝、一顿痛打、灼热的蒸汽、刺骨的寒冷和那个该死的老太太。

雄伟的西贝柳斯纪念碑矗立在赫尔辛基的郊区。在一座壮丽宏伟的纪念园里，专门有一块区域用来安放纪念碑。沿着一条蜿蜒崎岖的小路往上，穿过一片高大的松树林，就可以到达，乘汽车或是骑自行车都很方便。松树林的中间是一个比例适中的天然草坪。在这块僻静地的中心不远处，有一块坚实的天然花岗岩露出地表。一套抽象的不锈钢管乐器倾斜地嵌入巨石之中。管乐器高过

---

① 让·西贝柳斯（Jean Sibelius，1865~1957）：芬兰最著名的作曲家，民族乐派的代表人物。

人头，在阳光的照耀下闪闪发光。在一片静谧中，人们好像能聆听到跌宕起伏的不朽音乐——那是让·西贝柳斯的音乐——一个曾经探究芬兰灵魂的人物。

　　一个合适的纪念碑，不仅仅是对某一事件的纪念或对某个人的歌颂，它还让人们感受到这个人所作贡献的分量。

加力索①之乡

　　那是很多年前的事了，作为医院中心区规划小组的成员，我在维尔京群岛②断断续续呆了几个月时间。这两个中心分别建在克里斯汀斯特德岛和夏洛特阿玛丽岛。很少有非岛民能理解人们迫切需要的医院为何竟然一直没有建起来，起码在我写下这些文字时还没有，但这就是加力索之乡的现状。

　　在调研的过程中，我非常乐意去发现加勒比群岛的各种乐趣。首先是加勒比海本身，没有任何地方的水有如此地纯净，也没有任何地方的水有这儿浅滩的水那样闪耀着湖蓝色和碧绿色。小一点的岛屿周围都是浅滩，海水温柔地拍打着岸边的岩石，岛上长满了植被。港湾里停满了大大小小、各式各样、来自世界各地的帆船。在大些的岛屿上，主要地带都被丹麦早期殖民者开垦出来种植甘蔗了，不过还有一些地方保留了原岛民的居住遗址，一些残存的制糖磨坊像剪影一样静静地矗立在苍翠的山顶上。信风给这一带的沿海地区带来了水分，植被长得欣欣向荣，但在内陆，由于空气中缺乏水分，呈现出了沙漠的景象，不时能看到一丛丛矗立的仙人掌。近海处，密集的珊瑚礁吸引了大量潜水者，在这个美丽梦幻的水下乐园，欣赏五彩缤纷的珊瑚丛以及各种各样的水生生物。

　　岛上的生活非常悠闲。白天的时光似乎过得非常缓慢，常常让人感到倦怠。游客们有的懒懒地倚在凉爽的露台上，有的在打网球或高尔夫球，有的躺在沙滩上，有的在划船，还有的在物美价廉的免税商店闲逛。太阳下山后，众多小餐馆和咖啡屋就热闹起来。人们坐在露天里，一边饮酒、品尝异域菜肴，一边欣赏钢管乐队的表演，还有节奏强劲的加力索即兴歌谣和令人迷狂的林波舞③。可惜岛上也有不尽如人意的一面。贫穷和肮脏显而易见，黑人大多住在市区贫民窟或郊区的简陋茅屋里，教育和医疗根本得不到保障。在城市里，大型商场、宾馆和公寓楼林立，但周围却是低矮的破屋烂棚，散发着垃圾的臭味。到处都

---

　　① 加力索（calypso）：西印度群岛居民临时编唱的一种即兴讽刺歌。
　　② 维尔京群岛（Virgin Islands）：加勒比海中的一个群岛，位于加勒比海和大西洋的交接处。
　　③ 林波舞（limbo dancing）：西印度群岛的一种男子杂技性舞蹈，舞者须向后弯腰，连续穿钻离地面很低的若干横竹竿。

有新的建筑，但全都杂乱无章，好像没有经过规划和控制。马路上极不安全，两边全是破败不堪的棚屋，经常会有衣衫褴褛的孩子、骨瘦如柴的狗、四处觅食的猪和叽叽喳喳的小鸡出现在马路上，使得车辆无法行驶。像其他许多热带群岛一样，维尔京群岛同样也混杂了富裕、贫穷和腐败——也就是美和丑。

对一个受过城市规划教育的人来说，这种状况是难以忍受的。眼看着如此美丽的景致就要被毁坏，人们的基本保障被无情地忽视，我心里不由产生了一种传教士般的冲动。发现的问题越多，我在和当地领导会面时就越滔滔不绝。不久，我就被邀请去各个俱乐部演讲。起初我拒绝了，因为觉得这样的讲话可能会给我们的医院规划小组带来负面影响。最后，在俱乐部的盛情邀请之下，加上组员们对我的鼓励，我答应了，不过提出了一个要求：所有的俱乐部必须合作举办一个联合集会，欢迎所有人参加。

组织者对这次集会进行了大肆宣传，而且令人吃惊的是，到会者非常之多。集会在克里斯汀斯特德岛边上的一个空地里召开，还搭了一个大帐篷。我坐在台上，望着台下坐着的房产业主、生意人、主妇们和围坐在外面草地上的观望者，一种布道者的感觉油然而生——我开始像布道者一样讲话了，那是我唯一一次如此狂热地"布道"。我越说越激动，说到兴奋时，甚至连句与句之间的停顿都没有了。我演讲的主题和要点适用于整个加勒比群岛乃至世界各地大部分类似的岛屿。现在我还保留着提纲：

岛屿天堂的保护和规划性发展

1. 成立市民行动委员会；

2. 为规划委员会提供支持；

3. 确保官方制定并执行一项土地使用总体规划；

4. 制定一个环保法规；

5. 成立维尔京群岛自然资源保护委员会；

6. 扩大并完善公园管理系统；

7. 创建景观环形岛路交通系统；

8. 修建林荫干道；

9. 创建官方或民间历史建筑保护委员会；

10. "美化"岛屿的各个入口——港口和机场；

11. 发起"净化、修缮"运动；

12. 开展植树造林活动。

……

这些内容引起了很大的轰动，人们热情高涨，街头巷尾、新闻媒体等都在谈论这件事。才几天的工夫，一个市民行动小组就成立了，并任命了分组委员会成员，开始了基金筹建活动。我觉得自己像个救世主。那么此后又发生了什么呢？

上次我听人说，后来所有的一切都变得政治化了。现在已经成立了好几个行动小组，每一个都不断给出承诺和提案，想方设法超越其他小组。各组互不相让，吵吵闹闹。筹集起来的资金被用于华而不实的所谓研究中，有的资金甚至莫名其妙地消失了。与此同时，大批新的酒店和公寓楼建起来了。富人更富，穷人更穷，然而下一个救世主还没有到来。

项目开展是否有效取决于实施项目的机构。

丹麦二日

　　能在哥本哈根的蒂沃利公园①待上一天——尤其是在阳光明媚的五月，该是多么令人兴奋的事啊。一跨入这座举世闻名的游乐园，拥挤的人群自然的分散开了，就像走进了春的殿堂，水塘、瀑布、盛开的郁金香、水仙花还有郁郁葱葱的爬藤植物，全都充满了春天的气息。

　　每个人都很快乐。到处彩旗飘扬——橙色的、柠檬色的、粉色的，人们从世界各地赶来，享受这节日般的气氛。孩子们在游乐场笑着，喊着，玩得不亦乐乎。

　　风筝和气球在空中飞扬，风车和幸运轮在呼呼地旋转，霓虹灯和各种指示牌在闪烁着，告诉人们哪里有表演、游戏和商场。沙沙作响的铃鼓吸引人们前往观看木偶戏和魔术表演，咖啡屋里不时传出吉他弹奏的乐曲，而酒吧里则时不时响起鼓队"啪啪啪、嘭嘭嘭"的声音。湖面上，天鹅悠哉悠哉地游着；湖边，孔雀昂首踱来踱去，一些临湖而雅致的餐馆里则时常会奏响弦乐四重奏。

　　货摊上出售酒、奶酪、酥饼、布丁、烘烤食品以及各种各样的蜜饯。更多的商店则是安安静静的，人们可以慢慢欣赏或选购珠宝、丝绸、礼服、羊毛衫和皮具。不过四周仍然充满了音乐、灯光以及走动的人群。蒂沃利是一个听觉、视觉和味觉的宴会。

　　从蒂沃利出来后不久，我们到了距哥本哈根 30 公里远的一个丹麦乡间。这儿有一所不同寻常的艺术馆，它的名字也不同寻常，叫做"路易斯安那"。艺术馆临海而建，由两栋相连的大楼组成，一栋是老式的，而另一栋则十分摩登。

　　老式的那栋大楼原先是一位富有绅士的乡间别墅，里面摆满了各种顶级的绘画、织物、雕塑以及陶器。在这座富丽堂皇的府第里，所有的收藏品都被安放得井井有条。壁挂和绘画挂在适合它们的地方——不是挂在墙上的格子里，就是挂在玻璃和门之间或者家具上方。其他艺术品则散落地放在地上或桌上。

---

　　①　蒂沃利公园：哥本哈根最著名的娱乐场之一，是一个综合性游乐园。它是 1843 年以巴黎蒂沃利花园（现已不存在）和伦敦沃斯荷（Vauxhall）花园为蓝本建造的，占地达 85 万平方英尺。

这是一个令人愉悦的、朴实无华的艺术品展览，但是人们常常忽视了这些艺术品的质量，往往把它们当作这所府第的装饰物，而不是极具价值的珍宝。

后来收藏品越来越多，别墅已经摆不下了，房主人就在附近建造了一座非常有特色的现代博物馆。它楼层不高，由黑色涂漆钢、原木和白色砖建造而成，周围有大片的草地，看上去很是休闲。低一点的室内画廊专门用来悬挂精选的小型绘画和壁挂。每一个展区都有充分的摆放空间，灯光明亮，展区本身也像一件件分别陈列的艺术品，散发出熠熠的光辉。展区走廊的灯光比较柔和，有的地方有太阳照射进来，还有的地方给人特别高的感觉。有时候会出现整面的玻璃墙、透明的玻璃窗和大大的天窗，这样就能看见远处美丽的海景或博物馆前面的景致。在博物馆一面巨大而雪白的墙上，悬挂大幅的丹麦挂毯或丹麦绘画，以配合同一视线上能看到突出的岩石和拍岸的海涛。同样，为了配合室外风蚀的沙洲和多节的榉树，会摆上一些杰出的当代雕塑。出门后有一条曲折的小径，通向或者围绕这些独立摆放的雕塑精品，每一件作品都和周边的环境相映成趣。

由始至终，参观者经由一条小路或者其他最能展示各艺术品的场所，在博物馆和雕塑花园中进行参观欣赏，所有格局都无可挑剔。

在乘车回哥本哈根的路上，我和同伴们聊起了蒂沃利公园和路易斯安那博物馆给我们带来的不同感受。两者从不同角度展示了令人愉快的丹麦生活，都结合了建筑和花园，都考虑到了使用者和所处环境的交融关系，也都经过精心设计和维护，但两者的表达方式完全不同。

蒂沃利是一座游乐园——一个以花园为背景的娱乐休闲场所。它的设计目的就是提供刺激、探索和惊喜——以吸引来自四面八方的人们，让大家发出尖叫或者高兴得大喊。人们会很自然地从一个游览点走到另一个游览点，就像蝴蝶在花丛中飞舞。到处都是美丽的景色，美妙的音乐以及诱人的香味，让人应接不暇。蒂沃利的主题是：狂欢，它好像在说："嗨，来吧，快来我们的游乐场吧！"

路易斯安那博物馆则不然。它的设计目的是为人们提供对艺术品的最佳欣赏。博物馆建筑本身也是一件艺术品——精致而富有表现力。为了配合丹麦乡间和海滨的特征，它的建筑材料简单而牢固，质量上乘，用料谨慎。这是一座和周围景致十分协调的建筑，和场地之间也是和谐相融的。

建筑的内部空间为人们提供了层层递进的观赏过程，很少有其他博物馆能做到这一点。观赏路线是经过严格控制的，但人们却浑然不觉，只是乐在其中。

　　每一件艺术品都呈现出最佳状态。

　　馆内的气氛是庄严、肃穆甚至是神圣的，这非常符合路易斯安那博物馆的角色，它不仅教育激励人们，而且代表了这一场所、这些展品乃至整个丹麦的精神。

　　在设计时，首先要明确设计目标，道路、空间以及景点的安排都要符合这一目标。

费尔芒

　　有个难题摆在我们面前。在北纬53°加拿大的偏远地区，我们五个负责规划一个以采矿和船运为功能的新镇，镇的名字将被命名为费尔芒。我们小组里有两位工程师，一位建筑师，一位瑞典著名建筑气候专家，而我，则是土地及居住区规划顾问。我们的任务是在这个偏僻而又恶劣的地方帮助建设一个居住区，为终年居住在此的人们——如果有人愿意来的话——提供尽可能好的生活环境。

　　我们在工作草图上圈出了处在矿区和港口中间的四个新镇位置候选点。问题就来了，这四个地方没有一个是理想的。起伏不平的地面上只有稀稀落落的几棵久经风吹的云杉。四个地点的对比数据——土壤类型和深度、建筑承受力、排水、相对温度、风速和风向、给水系统等——也不能让我们有所决策。不过看来四个地点在地形上还是有所不同的。于是我们在雪地车上颠簸了两天，进行实地踏查。最后选定了一个地点，这个地方的迎风面有一个斜坡，浅浅的洼地朝向南方。这里夏天短暂而舒适，但冬天则会北风凛冽、雪花狂舞。

　　我们开始在图上进行城镇规划——线条和标志非常生动地表达了主要的不利条件和应对策略。冬天的寒风是用地的主要不利因素，在图纸上我们用自西北而下的粗箭头表示。现有那几株矮小的树木根本难以抵挡寒风。于是有人提议在迎风口建造一排弧形的低层公寓楼，迎风的墙造得厚实些，再在内侧低洼处建造成排住宅楼，这样就能降低风力。下方要留出空间承接从屋顶化下的雪水，低处的住宅楼在图纸上正好避开了西北风，而又能享受到夏季清凉的微风。建筑之间用步行道连接，方便人们购物和交流。所有的车道都要避开雪特别厚的区域。住宅楼的入口和有窗户的墙面都背风设计，户外休闲娱乐空间建在阳光能照射到的地方，下水道自然地通向斜坡下方的人工水体。水体可以沉淀和净化水质，结冰时还可以作为溜冰场。

　　在最后一次小组会议上，我们在图纸方案上集体签名并预祝新镇建成。那位瑞典专家总结了集体的智慧，他简单地归纳道："我们来这儿是让这块土地和我们交谈。它说了，我们也倾听了。"

　　优秀的设计开始于充分调查和利用现状条件。

岁月如歌，人生如梦

据说莱茵河受到了污染，事实的确如此。不久前，莱茵河从源头到鹿特丹入海口已经变成了一条敞开的大阴沟。大量驳船和货船在河上行驶，河水表面布满了油污、垃圾和漂浮的泡沫包装板。河水本身也非常肮脏，下河一次一定会染上风寒或者发烧。河水流经山谷，散发着恶臭，这些都是我听说的。所以当旅行社职员建议我们把在莱茵河上畅游作为欧洲之行的一部分时，我马上表示反对，并说了以上理由。那职员听了，笑着说："那是老的莱茵河啦！"接着，他又信誓旦旦地说："相信我，现在绝对不是这样的！"

他说的也是事实。

在斯特拉斯堡，我们上了一艘豪华客船，顺流而下，进行为期三天的莱茵河之旅，终点是科隆。走过轮船跳板时，我往船边上的河水看去，发现水很干净。出发了，我们的船驶出码头，进入河道，加入到浩浩荡荡的船队行列中。河面上有"大肚子"的驳船、运河船、游艇，还有装得满满的货船，来来往往，好不热闹。

河岸两边是一片美丽的田园景象。玩具小屋般的农场、葡萄园和村庄里绿树成荫，乡间小道的两旁也种满了树。间或有小镇出现，也是面朝码头而建的。大部分建筑和城镇仍然保留了中世纪的样貌，这点受到了当地百姓和游客的赞许和景仰。农场工人们在附近的田间劳作，其他地方就只有镇中心广场或市场以及码头边的货栈有人在活动，不过到了晚上就热闹了。我们的船在吕德斯海姆靠岸小憩，我往岸上望去，感觉好像整个村庄的人都涌进了酒馆、酒吧和餐馆。他们坐在里面，有的慢条斯理地呷着美酒，吃着面包和奶酪；有的大口嚼着香肠和泡菜，大口喝着深色的比尔森扎啤——喧闹的乐队和强劲的歌声为这一切提供着背景音乐。

船往下游驶去，两侧山脉的山谷慢慢变窄，山坡倒是越来越陡。陡峭的山顶上时不时出现高耸入云的塔楼和角楼的城堡。高高的城垛让人想起了传说中的瓦尔基里①，莱茵河少女以及尼伯龙根②等等故事。山坡的底部是一层层散乱

---

① 瓦尔基里：北欧神话中奥丁神（司艺术、文化、战争、死者等之神）的十二婢女之一。

② 尼伯龙根：中世纪德国有民间叙事史诗《尼伯龙根之歌》，后由德国歌剧家理查德·瓦格纳改编创作为经典歌剧。

的石墙和驳坎，这些古老的石坎把山麓围成一个个狭长的种植园，里面有精心培育的葡萄，长得郁郁葱葱的。河水快速从幽深的峡谷中流过，山坡沐浴在和煦的阳光中，这个地方非常适合葡萄成长。

因为水流很急，因此河岸全部用石头衬砌。这些石头全部经过严格的切割规格一致，精确度达到德国标准。河道领航灯和信号体系非常发达，每隔一千米就有一个刻有数字的标志，十分醒目。

支流也都有标记，并用偏转的构造来避免沙洲的形成、减少淤泥沉积。那么大家一直在传的污染去哪里了？这个问题是我最感兴趣的，因为在美国也有同样的情形。

前一年的夏天，我们带着女儿去伊利湖参加露营活动。到达目的地之后，组织者把大家集合起来并告诫我们不得靠近湖边，只能待在营地运动场活动。湖湾和沙滩被拦起来了，上面挂着警示牌，禁止游泳和晒日光浴，因为湖泊受到了严重的污染。钓鱼也是禁止的，因为湖里的鱼受到污染不能食用。那时候，伊利湖边上的大部分城市都把污水直接排放到湖湾里，在风浪的作用下，流入了伊利湖。方圆几百里的湖水对人体健康产生极大的危害。更糟糕的是，离营地不远处，凯霍加河流入了伊利湖。这条工业河上布满了油污和易燃废弃物，甚至曾经有一次河面起火了。伊利湖湖底积满了淤泥，使得水生生物缺氧而无法生存。这个巨大的淡水湖由于不堪重负，水体富营养化①严重，已经濒临死亡。

伊利湖的情况变得如此糟糕，国会终于采取了行动，发布了一项昂贵的复兴计划。内政部长提出大约花 40 年时间来完成一个几十亿美元的项目——我们公司也参与了这一项目。因此，我对莱茵河治理工程特别感兴趣。我想船上的高级船员应该对此事比较了解，所以找了个机会去和船长聊天。这位船长的大半生都是在莱茵河上度过的。

"几年前，"他说，"莱茵河已经变成了最大的祸害，主要的问题是没人愿意承担责任。农场主们埋怨船民，船民们埋怨城镇居民。每个城镇都肆无忌惮地往河里排放污水，船只也不断地把船底污水倾倒到河里。事情往往是这样，所

---

① 水体富营养化（eulrophication）：指在人类活动的影响下，生物所需的氮、磷等营养物质大量进入湖泊、河口、海湾等缓流水体，引起藻类及其他浮游生物迅速繁殖，水体溶解氧量下降，水质恶化，鱼类及其他生物大量死亡的现象。

谓置之死地而后生。那时候莱茵河已经糟糕到无以复加，变成国家的耻辱了。

"最后政府做了一项调查，内容涵盖了整个流域，包括村庄、城市和农场。结果出来后，法令也出台了。任何形式的污染都是违法行为。莱茵河流域所有单位必须修建废水处理设施，轻、重工业工厂必须把废料拉到垃圾处理场，就算从农场的牲畜放牧场和畜舍流出来的水也不许排入莱茵河。对船只的新规定就更为严厉了。如果有船只被发现往河里倾倒任何一种垃圾或废弃物，船长和船主就会被吊销执照或没收船只。"

"情况马上得到了极大的改善，之后每年都有新的变化。除了下游一些河段和鹿特丹港，莱茵河现在基本上没有污染了。这点是我们大家引以为豪的。"

"我听说，"船长补充道，"在莱茵河的源头，河底已经非常干净了，水很清澈，大马哈鱼又重新回来了。"

现在伊利湖也在重生。污染大大减少了，效果非常显著。"已污染"的警告牌已经取下，湖里可以游泳了，可食用鱼的数目也大大增多了。

很多时候，人需要经历危机才会采取积极的行动，这就是人生。

萨勒姆平原

在去史前巨石阵①的途中，我们先去了索尔兹伯里大教堂②。在所有代表信仰和热忱的建筑中，它是最让人印象深刻的其中之一。它规模巨大，横跨473英尺，401英尺高的尖顶高耸入云，是英国最高的教堂。

那天早上十分寒冷，我们去得太早，小店都没有开门，没法吃早餐。我们没有别的事情可做，就穿过草坪到教堂的入口。教堂的正门很高大，装饰着雕刻的图案，正门上有一扇带有饰钉的小门。我们试着推了推，小门竟然开了。我们走了进去，里面比较黑，只看见中殿和耳堂边缘各种台子上燃着的蜡烛，就着烛光，我们游走在圣人雕像和教会历史上重要人物的塑像间，塑像都大过真人。

四处转了转后，我们便坐下来休息，欣赏着从东边窗户透进来的晨曦。这是多么令人心醉神迷的变化啊！从最初的蓝紫色渐渐褪成淡紫色，然后是玫瑰色，最后变成斑斓的七彩色。随着阳光变得强烈，铅制的人像也慢慢显露出来——每一块壁板上都有一个故事，有的讲述圣经真理，有的讲述圣经传说。阳光透过窗户洒向圣殿，光线向上反射，使高耸的拱顶瞬间展现出来，随着光线的改变，拱顶很快又消失在暗淡缥缈的空间里了。

教区居民和参观者陆陆续续地来了，他们在唱诗班的席位前坐好，身子往前倾进行祷告，或者沉默不语表示尊敬。风琴手拉出了序曲中第一个颤抖的音符，打破了寂静。音乐越来越响亮，音阶越来越高，最后整个教堂都回荡着阵阵宏伟的乐声。太让人震撼了！这一切是如何造就的呢？是谁设计建造了这座庄严的殿堂呢？

13世纪初，在主教查理·普尔的带领下，为了主的荣耀，也为了自我满足。或是希望得到主的赦免，或是希望得到永恒的救赎，这一地区的居民致力于建

---

① 史前巨石阵（Stonehenge）：巨石阵又称索尔兹伯里石环、环状列石、太阳神庙、史前石桌、斯通亨治石栏、斯托肯立石圈等名，是欧洲著名的史前时代文化神庙遗址，位于英格兰威尔特郡索尔兹伯里平原，约建于公元前2300年。

② 索尔兹伯里大教堂（Salisbury Cathedral）：建于1220~1258年，是英国最早期的哥特式建筑，也是英国最高的天主教堂。

造一座前所未有的大型建筑。方案确定后，教堂开始建造，花了 90 多年才完成。这座巨大的建筑有一千多个空间，是当时能想像到的最高、最好的人与上帝关系的完美诠释。在它的规划设计过程中，各个方面都得到了充分考虑，不放过任何一个细节。那些一生都在索尔兹伯里（萨勒姆）平原上的人们，一心向往着天堂并且不遗余力地向天堂的方向进行建造。索尔兹伯里教堂是他们对最高神祇表示虔诚的宣言与证明。它一直屹立到了现在。

教堂给了我们不少的启示和震撼。接着我们继续前行，去往另一个宗教名胜——史前巨石阵，它就在离这不远的北边。我们驱车穿过树木稀少、绵延起伏的农田，田野上一片冬季景象。在远远的山顶上，我们看见了巨石阵遗址。由于云雾的遮挡，石阵在天色的映衬下隐约可见。再望过去，云雾已经散开，巨大的石阵展现在阳光下。远处乌云翻滚，暴风雪即将来临。接着一阵风雪，它又消失了。接近遗址的地方有一条引道，顺着边上的一座山蜿蜒而上，这座山将巨石阵遮挡得严严实实。我们从停车坪出来，走进一个设计简单的入口，这个地下隧道就通往壮观石阵入口的拱门附近。

这时候天更冷了，太阳已经消失不见。我们绕着幻境般的巨石行走，这些巨石造就了古老的神庙。风雪和冻雨像针一样扎着我们的脸，使得我们无法在这寒冷的山顶上呆得太久。回想起当时的情形加上后来的阅读，我发现巨石阵最大的影响力，不在于它宏伟的外观，而在于它的形成实在让人吃惊。

人们普遍有一种误解，即巨石阵是由德鲁伊①建造的，其实不然，它是由史前的尼安德特人建造的，他们驾着粗制的船，从欧洲大陆穿过英吉利海峡来到这里。从北方迁徙过来的猎人和渔夫在东海岸定居下来，而来自南方有着农耕思想的一群则迁移到中部富饶的萨勒姆平原。有谁知道是什么思想和动力驱使这些 3600 年前的原始人搭建第一个石阵外圈呢？有一点可以明确的是，在冬至的黎明时分，第一缕阳光会穿过石门的中心，照射在中央祭坛上，从古到今，一直如此。

建造巨石阵最初的青石是从 150 英里外的威尔士采掘，然后用皮筏和雪橇运到遗址来的。大约 2300 年前，第一个青石圈里增加了一层圆形沙岩石的内

---

① 德鲁伊（Druid）：德鲁伊教是凯尔特人的宗教信仰。德鲁伊一词，可理解为"了解橡树的人"，或"智者"、"男巫"。德鲁伊属于凯尔特人中的特权阶级，是部落的支配者、王室顾问、神的代言人，地位极尊。

圈，这些圆形巨石从数十英里之外运来，上面还盖上了一块丰碑式的圆形石作楣。这些石柱的意义一直备受争论，但人们普遍认可的是，原住民和东部的岛民一起发现了石头的独特魅力。第一个青石圈的排列也引人深思，它们看上去像是根据远处群山的石头标记而排列成的一条直线。

盖着砂岩圆石的巨石圈是一个让那些试图解读它的人百思不得其解的壮举。这些巨石从大约 20 英里外采掘出来，然后用简易的雪橇和滚轴，跋山涉水地搬运过来。我们只能想像这其中巨大的组织和建造工作，或者想像完成后的盛典。

为什么要建造巨石阵呢？像索尔兹伯里大教堂一样，它也是带有浓厚宗教色彩的建筑。我们有理由相信，两个建筑都是人们心甘情愿自发建造的，他们有一种强烈的愿望，希望唤起神灵的力量，并且把这些力量带入自己的生活。史前巨石阵由一个靠自然养育的民族设计构造，它是水平的，扎根大地的，它向外延伸以迎接太阳。

索尔兹伯里大教堂由地球上的另一个民族构想建成，它是对居住在天堂的伟大造物主的颂扬，是向上的延伸。他们尽其所能努力地接近天堂和天使。

只要信念坚定，就一定可以做到。

扇动的翅膀

那是个错误，完完全全的错误。事情发生在佛罗里达，这不过是许多事件中的其中一件，不久前实在发生了太多的事。人们还没有环保意识，湿地被填，沙丘被挖，海堤建造质量很差，需要用沙子或是从近海挖上来的珊瑚岩填补。红树林海滩和柏树林岛没有任何保护措施，潮汐入海口和淡水河维持着牡蛎湾，虾的卵床和曾经热闹的养鱼场，但它们也没有任何保护措施。现在情况不一样了。不过马可岛附近的内航道疏浚后，未经处理的污泥堆留在浅海中，没有人考虑过它们对环境的影响以及有多么的不雅观：从跨岛大桥上可以看见大片污泥和石沙露出海面，多年来这一直是佛罗里达美丽风景中的一个污点。即便现在看来这有点匪夷所思，但人们应该铭记，一直到 19 世纪 60 年代，还没有法规或公众提案来阻止这类亵渎，就像轻率的大沼泽排水工程或者是基西米河通渠事件——这些事件引起的反应仅仅是"让人疑惑的是…"

近年的一个春天，我和玛嘉丽受邀去参加名为"观赏鸟类回徙"的划船和野营晚餐活动。这将是一次别开生面的活动，男、女主人向我们介绍了著名的白嘴鸦海洋保护区。由于保护区在离海岸几英里的地方，于是我们在码头登上一艘装备良好的汽艇，受惊的黑鱼在水面跳跃。在发动机的轰隆声中，我们沿着蜿蜒的航道低速前行。海岸上先出现的是一些菜棕和棕榈，接着是红树林。有时我们会看见史前印第安人吃剩的牡蛎壳形成的礁石。暗流汇入大海湾，汽艇加速前进，我们乘风破浪，享受着徐徐微风，欣赏着落日夕阳。沿着南面不远处的海岸，我们向几座植被丰富的岛屿靠近，慢慢驶入岛屿间的平静水面，抛锚停靠。

"我们的观景台有点偏僻，"男主人解释道。"不过这儿能清楚地看到这些岛屿，而且抬头就可以看见迁徙的鸟群。

他把野餐篮子都拖出来打开，笑着说，"不过该先做的事还是要先做。"我们从一个篮子里取出一盘奶酪和薄脆饼，拿出冰块桶里的香槟，又从另一个篮子里端出一盘南方风味的炸鸡，鸡肚子里塞了各种各样的填料。我们一边聊天，一边享用这顿盛宴。

"为什么有这么多鸟选择栖息在这些岛上?"我们问。

"首先,"他耐心地答道,"这些岛屿在当地的饲养区范围内,而且岛上丰富的植被和大型的树木为它们提供了许多栖息场所。再说,这些沼泽小岛上露出水面的部分都不够坚实,不会有野猫或浣熊。"

"那些鸟从哪里来的呢?"

"有的来自数十英里外的内陆湿地,有的来自大海湾沿岸和岸边岛屿,另外一些来自池塘、溪流和种群较密集的湿地,很多野禽,比如美洲蛇鸟和鹈鹕就永久定居在这里。"

在落日的余晖中,我们仍然可以看见远处高枝上,几只黑色的美洲蛇鸟或者是蛇鹈鸟张开翅膀在晾晒。为了抓鱼,它们游泳时整个身子都浸在水中,只露出长长的脖子。由于没有防水的油脂腺,它们的羽毛会被打湿,只好停在树上伸开翅膀晾干。

我们用双筒望远镜清楚地看到许多鹈鹕的巢,不过它们根本顾不上我们,成年鹈鹕忙着喂食嗷嗷待哺的雏鸟,它们喉囊中的食物总是喂不饱这些小家伙。

毫无疑问,在所有的羽毛生物中,鹈鹕是最可笑的。即使是笨拙的鸵鸟或者蹒跚的企鹅也比它有风度。鹈鹕毫无风度可言,但是说到捕鱼技巧、水中杂技和编队飞行,鹈鹕却十分出众。它们可以不拍打翅膀顺着上升气流飞行好几英里;掠过水面时,如果发现一条鱼或者运气更好些——一群鱼,它们会向上直飞,突然转身,然后像一道从天而降的闪电冲向目标。在进入水面的瞬间,它们合拢翅膀,翻转入水,随即张开渔网似的喉囊,满载而出。

静谧的夜晚,一群野鸭正在水中嬉戏玩耍。不远处,一只大青鹭单脚站在水中,在树荫下捕食。太阳还未消失在地平线之前,鸟就开始回巢——先是从地平线尽头飞来的三三两两的鸟群。它们从四面八方飞来,顺风或逆风而来。体型较大的鸟,像仙鹤、苍鹭、鸬鹚和玫瑰色琵鹭,都飞得比较低。朱鹭、白鹭——刚从非洲迁徙过来体型较小的牛背鹭,黑喙金掌的雪鹭和黑腿黄喙的美国白鹭——飞得略高些。白鹭喜欢列队前行,它们惯用 V 字阵,这种队形能最有效地利用空气动力。飞得再高些的是喜欢独来独往的鸭,而更高的地方则盘旋着军舰鸟,它们的翼幅有 7 英尺之长。它们慢慢盘旋着飞近中意的岛屿,准备着陆。太阳一点一点下沉,飞得较低的鸟群只能让我们看见大致轮廓,而飞得较高的鸟群还沐浴在阳光中,我们能清楚地看见它们的全貌,它们的翅膀在太阳的照射下发出熠熠的光芒，或白色，或彩色。有时岛屿的上空会有鸟儿下降时扇动翅膀形成的缓慢漩涡——通常可以同时看见上百个。

后来我和同事谈到这个难忘的夜晚，他们给了我许多全新的观点。我的朋友——一位著名的生物学家，指出在不到四十年的时间里，那些从马可岛附近清除出的淤泥堆，由一个生态和风景灾难区变成了最富饶的鸟类栖息岛屿之一。在自然缓慢的改造过程中，这些淤泥乱石已经被夷平，露出海面的部分继续受到风、雨和波浪作用。接着，红树的种子在这里扎了根，并成长为红树林。

另一位同事提到了鸟的羽毛——我们那晚见过的成百上千的琵鹭和白鹭——它们的羽毛。在 20 世纪初它们的命运非常悲惨。人们捕杀它们，把它们的羽毛装点在女帽上。这些鸟是沼泽地的象征，但因为羽毛的装饰用途，以至于被大量捕杀，濒临灭绝，如同短吻鳄一样。不过现在它们受到了保护，种群重又繁荣起来。

还有一位同事提出人们态度在发生改变——公众对破坏海滨、河流、沼泽和佛罗里达群岛的丑恶行径越来越表示反感，并强烈要求规划和建设公共场地、海滨、自然保护区以及其他开放空间和水域；要求渔业管理委员会、水资源管理局以及自然资源部、狩猎和渔业委员会和社区事务部等州立机构有效运作；要求立法进行环境保护；尤其要求土地拥有人和开发商必须证明他们的综合土地规划和"加速开发"比以前的小块疏浚和填补以及带状公路建设的做法更好。

据称，佛罗里达现在的发展模式已变为：

1. 保护风景名胜区和生态优势区。

2. 保留和保护低强度开发使用的缓冲区。

3. 围绕"蓝绿①开放空间"框架，种植植物。

值得庆幸的是，这样的感性规划不是减少而是提升了土地的价值，从而增加了收益。

最后，我们的话题集中到生态治理和修复的新实例上——磷肥流失废弃地，公路建设回采坑，过度开发的农场，枯竭的湿地，被污染的河流和海湾。我们可以预见，在经济高速发展的同时，佛罗里达的未来是有保障的，有朝一日，

---

① 在美国的"蓝绿开放空间"或"蓝绿计划"中，蓝指的是河流，绿指的是植物。

它会恢复以往的美丽。我们一致认为：合理的经济发展能够也必须与动态保护结合起来，两者密不可分。对佛罗里达人民有益的也将对鸟类有益。

　　动态保护，即资源的合理利用，不仅仅能维持现状，更重要的是它使人、建筑和自然和谐共处。

吉维尼①

　　说起世界上最可爱的地方，莫奈在吉维尼的庭园当属其中之一。它坐落在巴黎西部的诺曼底，位于艾普特河畔延绵的小山村中。这座低矮的农舍吸引着人们从路边的院子入口进去。房子里面，人们可以随意地从一个房间走到另一个阳光灿烂的舒适房间，每个房间都挂着画家的素描和油画。家具和私人物品的摆放跟他生前一样，让人多少有点期望在某个角落能看见这位目光炯炯、面颊红润的房主人在画架前作画。

　　屋舍外面，南面斜坡上精心护理的花园里正繁花似锦。石子路的两旁分别种有柠檬麝香草、白烛葵、美女樱、毛地黄和矢车菊；有翠雀花，白的、粉的、浅蓝的、深蓝的和浅紫的；还有鸢尾、百合、牡丹和沿着路旁藤架生长的玫瑰。花园的景色就是一抹抹绚丽的色彩，其中有轻快柔和的淡色，也有对比强烈的浓色。

　　斜坡脚下是洒满阳光的睡莲池，这是一个曲折的水塘，水面平静，有一座低矮的蓝色拱桥，岸上种着垂柳。睡莲在绿色浮叶的衬托下显得分外妖娆，似乎在等待莫奈为它们作画。

　　此处独特的魅力是什么呢？或许是花园和房屋搭配得当并与自然风光融为一体；或许是人们在园子里进进出出时所感受到的愉快经历；抑或是因为在一个如此小的农舍中可以欣赏到如此多的醉人景色。但我相信，更多是因为整个吉维尼充满着人性光辉。它散发着创建者——受人爱戴的艺术家克劳德·莫奈——的活力和愉悦情绪。

　　艺术和艺术家是融为一体的。

---

　　①　1883 年，印象派大师莫奈在巴黎西北不远塞纳河下游的小村子吉维尼租了座房子，7 年后他攒够了钱把它买了下来，自己造了个大花园，在此种花、养鸡、画画，直到 1926 年去世。

亨利王子

每当我想起里斯本、葡萄牙或那里的人，就会想到一个纪念碑，那是为航海家亨利王子而建的。每次想起我都会心跳加速，如同第一次看见它从清晨的雾霭中显露出来。

深夜，我们在里斯本上游港口上了船。现在，清晨的第一束阳光已经照射过来，我们听到发动机启动的声音，船员们发出了起锚的指令，接着是绞起缆索的声音。等我们穿好衣服出舱时，船已经在薄雾中缓缓起航，时不时发出汽笛声。乘客们不想错过欣赏海港的机会，都聚拢在围栏边，希望雾气散去。我们正眺望着，突然从雾霭中隐约显现一个大理石纪念碑的顶端，它比船的烟囱高好几倍，宽度是高度的三分之一。接着，在纪念碑的底部，我们看到一个很有特色的船首，那船正在航行。亨利王子的雕像手握星盘，高高地屹立在船首。在他后面，沿着两边向上的扶栏，满是葡萄牙历史上著名人物的雕像，男男女女，都面朝大海，向前或向上挤着。

我们肃立着。这时雾渐渐散去，宏伟的白色雕塑完全显露在我们面前。酣睡中的城市一片蓝紫色，为白色雕塑提供了绝好的背景。太阳从群山中的峡谷里升起，像一个橘色的圆盘。阳光渐渐强烈起来，从上到下照亮了整个雕塑。最后，亨利王子的雕像也完全被照亮了，在蓝天的映衬下，显得格外庄严。

无论是驶近或离开这个梯形河港的人，还是每天向外眺望纪念碑的市民，没有一个不为它的壮美所打动。这不仅因为它的独创性，更因为它最好地诠释和代表了葡萄牙的活力，让参观者有一种身临其境的感觉，真真切切地体会到葡萄牙的冒险传奇。这就是该巨作的符号意义，这就是符号的力量。

……

符号。那些以设计内部或外部空间为职业的人总是非常明白符号的价值和功能。可以说，符号赋予房间、社区或城市更强的方位感和更深刻的含义。那么什么是符号呢？它们是客观事物或者是可以代表某种内在精神的物体，像旗帜和十字架。这种有象征意义的情感催发剂能激发和唤起多么强烈的情感力量和巨大动力啊！温和的符号又能产生多少微妙而有意义的影响——一只白鸽，一项桂冠，一个心心相连的图案，一只伸出来的手。符号可以是：

有纪念意义的标志；人造物品——一个结婚戒指、一把茶壶、一把犁、一柄剑或者是一把匕首；一座建筑，比如阿拉莫要塞①、伊势神宫②、帕提农神庙③。它可以是一个地方，比如麦加④。

它可以是三叶草、苹果树、太阳、月亮、彩虹。它可以是任何东西，或是对某个人或某个群体有特殊意义的公认的标记。符号的力量如此强大，它不能被滥用，必须用心选择，用完美的艺术来进行设计。它们吸引人的注意，是众人瞩目的焦点。

在一切有象征意义的符号中，雕塑也许是最生动有力的。它天生就具有象征意义，通常都比较庞大。当人们绕着它走或者经过时，立体的雕塑就会向人们传达一系列的意象。此外，它通常是为某个场地而设计——以表达某种情感或是塑造某种品质，有时是为了强调场地存在的意义。

如果佛罗伦萨没有大卫雕像或者美杜莎⑤头像，如果镰仓没有大佛，会减少多少魅力啊！如果华盛顿没有林肯坐像会是多么渺小啊！如果纽约或者美国没有自由女神像！葡萄牙人和游客目睹航海者亨利王子及其随从在里斯本港口出发时的景象，他们的精神将会为之振奋。他们是多么幸运啊！

符号里可以蕴含无限的能量，永远激励心智。

---

① 阿拉莫要塞（the Alamo）：美国得克萨斯州圣安东尼奥附近一座由传教站扩建成的要塞。在得克萨斯独立战争中曾起到重要作用。阿拉莫之战被视作美国陆军历史上的神话，美国人认为它是自由意志下勇气和牺牲精神的象征。

② 伊势神宫（the Ise Shrine）：伊势神宫位于三重县，传说起于远古时代，是日本神社的主要代表。自明治天皇以后的历代天皇即位时均要去参拜。

③ 帕提农神庙（the Parthenon）：雅典卫城主体建筑，为了歌颂雅典战胜波斯侵略者的胜利而建。它是供奉雅典娜女神的最大神庙，帕提农原意为贞女，是雅典娜的别名。

④ 麦加（Mecca）：伊斯兰教的第一圣地，非穆斯林不得进入。它位于沙特阿拉伯西边，是穆斯林每天朝拜的方向，也是伊斯兰教先知穆罕默德的出生地。

⑤ 美杜莎（Medusa）：希腊神话里的一个女妖怪，她的头发是毒蛇，所有见过她的人都会变成石头。

牧草之歌

"10 年之内,这里的一切都会改变。顶多 20 年,这些牛呀马呀——至少在城市周边的牧场,都要消失了"。

我乘坐着一位驯马师的皮卡,行驶在莱克星顿市北部的帕里斯·派克道路上,他一边开车一边和我聊着天。这是一条乡间道路,车窗外掠过道路两旁高大的树木和古朴的石墙,透过它们可望见远处一派田园风情:农庄、马厩、谷仓、漂亮的纯种马和牛散布在田野之间——这里是世界上最有文化特点的风景之一。

"派克道路正计划拓宽,"驯马师说,"从现在的两车道拓宽到四车道,外加两个预留车道。200 英尺的道路拓宽会毁掉两旁的这些石墙和大树,农庄前面就是喧闹的公路。按照规划,这里一天会有 14000 辆车通行!马场的马需要的是清新的空气、干净的水和土壤,到时候它们整天都被废气熏着,晚上还有刺眼的车灯,真不知道会怎么样!"

公路工程师花了几百万美元做了环境评估,用各种各样计算机输出的图表和文件来证明工程带来的影响符合"可接受标准"。但是谁能保证是否在马可以承受的标准之内呢?

"几年前,路边牧场有三匹专门用来配种的母马瞎了,很快又有两匹也瞎了。这种情况以前从来没过。从大学请来的毒物学家在马的血液里发现了过量的铅,追查铅的来源,结果是路边的草和水。我们只好把牧场向后退——但如果道拓宽到能容纳现在 10 倍的车流量的话,就没有办法再后退了。在这块土地上,那五匹瞎了的母马和其他的马,每一匹都价值连城。你看到的这些农场里每家都养了一至上百匹不等。我们的农场只是派克道路沿线几十个农场中的一个,而派克道路也只是很多条道路中的一条。"

"没有人会否认城市之间需要公路这个事实。但我们真的需要在城镇和城镇或城镇和城市之间,仅仅为了节省 5 至 10 分钟的车程而大建快速路吗?我们已经建了很多高速公路了。目前的乡村道路其实已经能满足本地使用的需求了,但现在没有一条乡间道路不在拓宽。"

我们的车缓缓地驶入派克道路末端——帕里斯镇，那里四车道的公路拓宽带正在建设中。"你看"，驯马师说，"道路两旁以前是农田和牧场，现在是一大片广告牌、快餐店和商场，留下来的少数一些马就在公路对面。农场主面临着环境退化以及由于修建公路造成的地产税上涨的双重困境，谁能指责他们卖掉农场的举动呢？这些农场将被划成一块一块，改建为商业区或者住宅区。请你看看周围这些建筑，他们占据了整个肯塔基州最富饶的农田——这里曾经生长着最好的牧草。这根本毫无道理。我们确实需要房子，也需要服务设施——但为什么要分布在农庄道路两旁呢？为什么不把住宅、学校、商场、公园和工作场所布置在一起，在高速路旁新建一个社区呢？"

午餐时间到了，我们将去拜访这一地区最有声望的马场经理。我们到早了，于是就在餐厅里等候。这时，一位停车进来喝杯咖啡的卡车司机加入了我们的谈话。

"形势好转起来了，"他说道，"很快将有一所为丰田汽车生产零件的新工厂建在帕里斯公路旁边。还有，我从报上看到，在帕里斯—乔治敦公路那儿也会建一座新的机场。"

"我看过那篇报道，"我的驯马师朋友说道，"但是——以上帝的名义——我们为什么要在 6 英里以外的 I-75 号高速公路边建造一座新机场呢，而且是在主要耕地的正中间？你见过喷气式飞机从牧草机场飞起时的情形吗？煤油味弥漫了整个卡柳梅马庄甚至数里外的优质草场。还有，为什么零件工厂要选址在帕里斯？这儿离它们的组装工厂有 20 英里呢！"

"发展，发展！"卡车司机回答道。

"但为什么要让工厂遍布，然后再把零件从乡村拉到需要组装的地方，而不让它们集中在总厂周围呢？""因为，"卡车司机说道，"我们的议员希望我们镇可以像其他镇一样分得一杯羹。再说，我也想要我的那杯羹。"

马场经理来到餐桌前问候我们，正好听到了卡车司机的最后一句话。

"他和其他人的那些蝇头小利，"经理说道，"意味着我们将失去更多牧草。有人曾以为领导者会带领我们为保护它们去抗争而不是摧毁它们，但事实却不是这样。莱克星顿—菲尔法克思的政客们承诺留出分区，却不停地扩张城市服务区的范围，去满足政客伙伴的要求。现在又提议在 460 山道建区域机场。猜猜是哪位爱国者提议的地点，还有是谁拥有的这片土地！曾经有人提议将从乔治敦向东沿 460 山道到帕里斯的外部，再沿着帕里斯—列克星敦—派克公路南到钢铁路，西到在 I-75 号高速公路交叉道上的肯塔基州马群公园，联结成一个历史景点网。从南部或者北部来的游客可以在这里拐弯，在乡间小道上闲适地驾驶，他们会路过本州最美的马场，然后去帕里斯新开的小旅馆或是汽车旅馆住宿。这样的产业是适合帕里斯的，并且能挽救中心牧草区。但是那座将要建的机场会毁了这一切，而且扩宽道路也会使更多的马厩不得不搬离这一区域。"

"这就是我们的政府官员，打着发展的旗号，引进那些大型的外国汽车工厂，给出各种诱人的条件——土地、新公路、遍布全国的下水干道、多功能塔——花的都是纳税人的钱，但我们从中受益了什么？休闲车为住在外面的工人提供住房，而我们的农场工人需要的是工作。现在产生的后果是居民分散，不断拓宽的道路以及日趋严重的污染。发展？马的产业现在已经越来越萎缩了，其实光这一项就为这个地区相当多的人提供了工作，这一产业的就业人数是现在那些新建工厂所雇工人数量的 10 倍。每年的旅游业，马群为肯塔基州带来 3.2 亿美元的收入。

"今天的新闻里说，"他继续说道，"在里士满的军火库储藏了一战遗留下来的杀伤性化学武器和毒气，现在必须处理。于是就提议了一个 2.5 亿美元的就地焚烧计划。你能想象到烟雾渗入到周围的住宅、学校和马厩时的情形吗？牧草原还能承受多少呢？是牧草造就了今天的肯塔基州——这是全世界公认的。

不久之后的一个下午，我坐在一位年事已高的老师家里喝茶。我们聊到了肯塔基州的马群区，她对此也知之甚多。

"牧草区的下面是石灰石，"她解释道，"于史前风化形成的石灰石造就了我们非凡的阔叶林和繁茂的草甸，使其成为世界上最富饶的牧场。当初印第安人发现后把这一地区作为狩猎区，据说他们非常珍视这块土地，于是约定俗成，不在此建立固定村庄。因为牧草原属于大家……"。

"当第一批定居者到这里后，他们把牲畜拴在原生草地里。当时有很多土地未被开垦过。人们发现，喂养在这里的牲畜，牛肉优质，马匹有着超凡的骨骼、耐力和速度。当今世上的马中，牧草原的马代表了卓越的品质。对牧草原的自豪是深入到人们的骨髓和血液里的。"

"当我还是个小姑娘时，"她告诉我，"我会去我们家草坪上那棵蓝色的大白蜡树下荡秋千。秋千很高，是我父亲做的。我会荡得很高，去看那些我渴望看到的东西。当我在空中飞荡时，我听见牧草原在为我歌唱。真的！那是一首宏伟、广阔的歌，充满了森林、河流、草地和天空，以及美丽的马儿和阳光；那是一首高亢激昂的歌，这一切让我快乐到几乎要眩晕……。

　　这位和蔼可亲的女士停下来为我续茶，又给我添了一块酥脆饼。她自语道，"我仍时不时听见我的牧草之歌，但现在那首歌已经只是一首小调了，而且像是来自遥远的地方。我感到很悲伤——就像我所爱的很多传统渐渐消失时一样。但还有一些尚存的东西——大马厩和住宅，售马和赛马，以及牧地上的良种马，还有一些地方仍然留有美丽依旧的风景。可惜很快那些也会被高速公路和房子吞没。我的牧草原正在我眼前缩小然后褪去，就像我的牧草之歌。我时常在想，如果这个世界还有理智的话，那么一定有一些可以拯救牧草原的方法。"

　　合理的计划可以保留现有最好的东西，又能兼顾周围的交通，而不必穿过社区或者是像牧草原一样美好的事物。

岛屿天堂的自我毁灭[①]

今天，再没有其他地方像日本那样，文化完整和人类生活环境质量受到严重威胁。这要归咎于几个因素的混合作用：有限的土地、爆炸性的人口增长和工业的蓬勃发展。

这个多山的国家，只有20%的土地可供利用，大约3万平方英里的可用土地要供养超过一亿的人口，平均每平方英里3600人。如此集中的人口密度加剧了污水、垃圾、空气质量、噪声和视觉不良景观等污染问题。更有甚之，越来越多的城镇和公路建设，使自然生态系统和大地景观不堪重负。城市化贪婪地吞噬了有限而宝贵的农业用地，山脉、丘陵被推平，湿地、河滩也被填没。

尽管人口增长速度在减慢，但人口数量还在继续增长。日本政府预计1975～1980年将增长1110.5万个新生婴儿，在下一个5年，即1980～1985将有1149.2万个婴儿出生。人口增长带来对工业快速扩张的要求，这样就需要更多的水、原材料和土地，于是接踵而来的便是工业污染的洪流。过去几十年中，日本从一个农业社会快速地转为工业社会，这种社会变革造成了对传统价值的彻底否定。在现代日本，日本国教神道教——基本上是一种关于自然的宗教——和祖宗信仰几乎被彻底地抛弃了。在生产更多财富的驱使下，日本人至少在目前，放弃了他们的传统、文化，以及对土地的有效管理。

几乎所有到日本的人们都能感受到，日本环境遭受破坏的程度是非常明显的。

回顾

直到20世纪30年代，日本的大部分地区都像一个有机的花园—公园（garden park），除了几处大港口和几个工业城市，这个与美国加州一样面积的岛国，到处洋溢着田园风情。

---

① 原载 Landscape Architecture《美国风景园林》期刊（1976年1月），英文题目为 Self-Destruction of an Island Paradise，作者西蒙兹。本文是作者在20世纪70年代考察日本后所写的文章。

村落、城镇和城市沿着河流、海岸分布，或依着山脚筑成台阶逐级上升。通常，稻田、农场，还有陡峭的覆满了葱郁树木的山岭，围绕着人居聚落。农场、住宅和人都是纯洁完美的。

人们还几乎不知道污染为何物。空气是洁净的，小溪清澈地流动。沙砾铺就的庭院被精心整理出纹理，道路和铺地被洒扫得干干净净。到了晚上，纸糊的窗户透出柔和的光，古朴的灯笼照亮庭园。木屐走在石路上的"嗒嗒"声，寺庙的钟磬声，空气中飘散着若有若无的清香，质朴简洁的美丽风景，共同构成一种难以言说的魅力环境。

与生俱来的强烈设计意识渗透到日本生活的方方面面。从削柿子皮到割稻捆稻禾——甚至倒一瓢水——都可以被看做一种艺术。生产工具、日常用品和家具均做工精细，造型简洁，外形坦率地反映内在功能。在日本，对品质完美的追求几乎是一种天性和直觉。

场地设计采用不规则的形式，尊重自然，并和自然风景要素保持和谐关系。建筑也同样根于环境，体现特有的地方风格。建筑风格质朴简洁，在材料应用、建筑模数、室内外流动空间等方面表现出极高的艺术才华。

欣赏自然是一种宗教式自然崇拜的体现，并成为人们的日常体验。每户人家都会摆放新鲜植物枝叶和鲜花组成的插花，每个房间都朝向花园或种植园。风景园林被看做一种有生命的三维艺术：溪流、瀑布和树木近乎神圣，山丘、河岸做成自然的形态。

禅的精神

这种对生活的良好态度，其思想源泉来自于佛教的一支——禅宗的思想。佛教徒认为生命就是寻求和谐的过程，禅宗哲学也持同样观点。佛教教义进一步教导人们：在利己主义之上，每个人都应该去思考和探索一个物体，一种组成部分——如一个人，一束丝绸，一段木头或者一块石头——的内在天性。禅宗要求人们妥善地定位每一个事物——无论是有生命的或无生命的——用最敏锐的方式发现并揭示它的最高价值。

在 19 世纪 30 年代的日本，人们可以看到禅宗哲学的全盛时期，一种传统文化经过 3000 多年不间断的发展演变，在此时达到了顶峰。这是日本历史上最值得自豪的时期，然而不久就被战争和随之而来的战败摧毁了。

30 年以后——巨变发生

在第二次世界大战和战后日本重建时期，从来自这个"日出之国"的报道中了解到一个机器化的时代，物欲横流一片喧嚣，唯独禅宗的精神不复存在。笔者一直不愿意再去日本，到最近才重返这个有着很多教训的岛屿国家①。旅途中，我四处搜寻传统的优秀风景园林作品，从中寻找禅精神依然存在的迹象。

东京、神户和大阪

我们特意从东京进入日本。这个繁忙的大都市，有着人类城市建设史上排名第二的人口，1100 万芸芸众生在汽车的洪流中持续着每天的生活，呼吸着毒害身体的刺激性污染空气。工厂、住宅、加油站、商店、屠宰场、商业大楼和仓库无序地拥挤在一起，没有合理的相互关系和交通方式。

东京是一个没有理性规划，毫无章法的混乱城市。在城市失去控制的问题爆发之前已经有了较长的积累过程，都市化进程像毒瘤一样蔓延，摧毁了乡土景观。山丘被挖平，江河溪流变成污水沟。数量极少的城市公园绿地因为过度使用显得陈旧破损，或者干脆屈服于建设的压力而让出地盘。与此同时，城市依然在快速扩张，每年侵吞更多的农田和森林，甚至向海洋推进。

这个噩梦般的城市，绝大多数地方的糟糕和丑陋超乎想像，很少有值得称道的地方。只有在那些私家花园中，在高高的围墙后面，人们才能躲避周围城市的喧嚣，获得片刻安宁。

神户在某种程度上就是一个小东京，而大阪是一个有更多工业烟囱的神户。

日光②

日光，这个自然山地间的度假胜地，有着布满森林的山坡和无数的溪流瀑布，是一个久享盛名的风景名胜区。日本流传着一句俗语："不到日光，不要感

---

① 1933—1934 和 1939—1940 年间，西蒙兹两次来到亚洲做修学旅行和考察。
② 日光市：位于日本关东北部枥木县西北部，是一个以山岳、湖沼、瀑布和古建筑而著称的旅游观光城镇。

慨风景优美"。布满卵石的河流曾经给小镇带来优美清新的风景，然而，今天为了水力发电和铝矿冶炼的需要，很长一段河床已经干涸。浓烟和刺鼻的气体从巨大的冶炼厂烟囱中散发出来，充满整个狭窄的山谷。由于垂直方向上的林木皆伐，山坡被侵蚀，一道道防止水土流失的混凝土墙布满山谷。如果不制定严格的环境保护规章并实行相配套的市政措施，我相信，这个曾经风景秀丽的旅游度假区很快就要被破坏殆尽了。

京都

从东京到京都，透过子弹头列车宽敞明亮的车窗往外看，街道和道路逐渐变得疏朗，风景也越来越趋于自然。稻田、农场和民居取代了城市密集的建筑群。如此看来，也许年轻人能够抵制大城市的诱惑，和过去一样留在乡村经营农场。

当你到达京都，穿过火车站那堆匆忙发展起来的建筑，一个古老的城市蓦然展现在眼前。鸭川依然流淌，河水惊人地清澈。黛青色的山坡被认真地保护起来，花园和公园依然美丽。上千个寺庙古迹得到很好的维护，金阁寺和著名的禅院龙安寺、西芳寺展现着无穷的魅力。特殊的贵宾能被允许进入皇家花园参观——日本最美丽的营造之一——桂离宫。

广岛

广岛几乎是一个完全于 1945 年后重建的新城市，如今已有 80 万人口。它可以说是一个没有规划而盲目扩张城市的典型例子。这也容易理解，30 年前广岛被原子弹摧毁，城市重建工作没有经过谨慎的规划就仓促展开。在当时情况下，城市建设者要解决民众迫切的需求，因此产生了一些历史遗留问题。然而今天，城市依然在无序扩张，新的建设无视城市各功能部分、道路交通和地形地貌之间的逻辑关系。工厂紧挨着新建住宅矗立起来，建筑朝向拥挤的道路，山脉和丘陵被削平用来填海造陆。大多数日本城市都像广岛这样，不合理不经济地无序发展着，许多原本可以合理规划新城新区的机会无可挽回地失去了，这真的是一场悲剧！

宫岛①

从广岛县西部宫岛口乘渡船，渡过窄窄的海峡，就到了神圣的岛屿——宫岛。直到今天，岛上的神社仍然是全体日本人的旅游梦想。成百上千的信徒每年都来朝圣，当然更多的是外来旅游者、妇女和学生。男人们多逗留在游戏厅痴迷地盯着弹球，或者在巨大崭新的水上比赛场参与摩托艇赌博。

除了码头有一些经过规划的商店和旅馆，宫岛山的特色受到严格的保护。高耸入云的山峰和长满森林的山坡围护着神社。当你在松荫下沿着海岸向前走，会看到一个有着清澈水面的岩石盆地，这就是著名的"严岛神社"的入口，远远望去，红色梁柱的亭廊组合好像飘浮在海面上。几个世纪以来，祭司总是站在神社的中央平台上，透过由黛青色山坡构成窄窄的海峡凝望大海。但是现在这些山坡被破坏了，一些山麓小丘被挖掉，留下触目惊心的水土流失的伤痕——而这一切都是打着城市发展的旗号进行的。

别府②以及别府之外

在九州岛临近濑户内海西端的地方坐落着著名的旅游城市——别府。别府依火山而建，从喷气孔和温泉中涌出的水蒸气笼罩着这个城市。它以矿泉浴和观光旅游吸引着每年600多万的旅游者。大多数旅游者希望海滨山地风景区中应该有的东西，这里应有尽有。

别府四周，一直到少有人至的重要岛屿，分布着被严格保护的国家公园、海岸线和日本乡土村落。这里没有一般地方都有的公交巴士、货车和机动渔船，几百年来的生活方式几乎原样地延续着。古老的艺术和手工艺依然存在，古老的民风民俗依然保留。

在这些偏远的地方，优美的风景中，我们可以发现一些坚强的人们与自然和谐相处。他们的房子和食物是简朴的，但他们的行为举止富有尊严，脸上总是洋溢着恬淡宁静的神情。他们是真正懂得自己在哪里和喜欢在哪里生活的一群人。

---

① 宫岛：旧名"严岛"，是日本广岛县西南部，广岛湾西部的岛屿，日本著名三景之一。
② 别府：日本九州岛东北部著名温泉城市，有温泉千余处，旅游业发达。

然而即使在这么偏远的地方，从森林树梢上吹来的风和轻抚着海岸的水也不是清新的。船、工业和城市化造成的污染无处不在。在日本濑户内海，日落有着神话般的淡蓝色、玫瑰色、灰色和淡紫色等颜色，夕阳的光不是透过薄雾的山脉天际线，而是透过工厂和轮船散发的烟雾照射过来。红色的夕阳倒映在水面，水面上满是一条一条从船舱中漏出的油迹和一堆堆腐烂的垃圾。

现在的日本

今天日本发生的一切，其实内在原因是非常简单的——仅仅是为了赚更多的钱。赤裸裸的拜金主义占据了人们的精神世界。在城市化的一个世纪中，古老的寺庙和神社基本上退化成为单纯的宗教场所。无价的文学和艺术作品如今只被看成一种收藏品或商品。对大多数新一代的年轻人来说，对园林和自然的热爱只是老年人的古怪爱好。岛屿景观，曾经以其自然风景优美而久享盛名，长期以来深受日本国民的崇拜，如今也陷入了不可控制的野蛮发展之中。

富裕起来的国家

在日本现代社会中，金钱取代了封建统治。企业主是新的军阀或日本古代的"大名"，技术员们相当于武士，工人或小职员成为臣民。绝大多数人盼望生活比能梦想到的还要富足，对财富和舒适生活的追求取代了过去对精神世界的追求。

文化正在趋同

电视机、高速列车和汽车的出现使信息交流变得方便快捷，地域差别随之逐渐消失。各地建筑、服装、音乐、手工艺品风格，甚至方言，都混杂在一起，丧失了原来形式多样富具特色的文化特点。

物权几乎不容质疑

如果想知道近年来日本疯狂破坏风景的社会思想根源，必须懂得新兴中产阶级的价值观念。在日本封建社会，最大的罪行不是谋杀而是侵犯他人财产权利，这是日本现代物权观念的直接来源。在今天的私营企业体制下，土地主会认为他对土地的拥有权是绝对的，是神圣不可侵犯的，任何试图限制土地利用和开发的行为都是不恰当的，他将为之而战斗。古今不同的是，在古代，封建主和农夫都珍视他们的土地及大地之上的美丽风景，而今天的私企业主和地产商只关心如何从土地上赚取利润。

污染是国家的耻辱

日本的工业城市也许是地球上污染最严重的城市。在今天的日本，有一种被广泛接受的观点：工业化的发展有益于国家，而破坏自然和污染环境是工业发展的必然结果，是一种必须付出的代价。

几乎不存在土地规划与功能分区

尽管大多数府县和城市设有专门的机构管理土地，但土地使用规划和审批程序通常是不严格的。功能区划所起的作用非常微弱，规划控制往往不够强硬，规划与实际管理常常很不一致。

未来怎么做？

接下来日本能够也必须做的是，采取必要的强硬措施来扭转目前环境恶化的局面。关于这方面，可以借鉴那些几十年前已经着手开始处理环境问题的先进国家。虽然现代技术是产生环境问题的根源，但先进国家仍然大多数借助现代科技手段来解决问题。它们都摸索出了自己的改革措施，缓解了环境压力。

英国的新镇规划本来可以为日本的战后重建提供很好的例子，可惜日本没有抓住机会。德国和荷兰致力于清理和修整用于航行的水域，比如莱茵河，同时注重植树造林，已经取得了显著的成绩。日本可以效仿瑞典斯德哥尔摩地区和加拿大的蒙特利尔市，在大城市周围建立卫星城，并用高速公路连接。在美国，居住区规划和城市更新已经产生了新的方法，可以运用到日本；比如联邦环境保护署规定，开发性项目的要求先进行环境影响研究。

不过笔者认为，目前日本最需要的可能还是重新找回和发扬传统的禅宗精神。正是因为有了禅宗精神，日本过去才能建立起优秀的国家公园体系。是禅宗精神使日本长期以来都是合理利用土地和水资源的世界榜样，直到最近几十年。

除了新出现的土地和资源规划技术可以直接在日本运用之外，还有一系列和日本现行的政策相反但事实上又必须实行的一些政策和措施。他们包括：

- **加强环境署的功能**：作为负责全面促进环境保护的机构，中央政府的环境署已经完成了很多重要的工作。比如，最近出台了急需的氧化硫和氧化氮、微量金属及其他物质的国家排放标准。既然日本的中央政府没有权力进行环境保护或污染控制，就应该让省级政府和一些主要城市来操作。加强国家环境署的功能，为其提供资金，确保其行使职能的权力，这已经成为迫在眉睫的问题了。

- **省级政府出台环境保护综合计划**：省级政府要配备人员、监控体系以及实施部门来贯彻国家政策和标准。一旦省级政府措施不力，国家环境署有权干涉。

- **设立地方环境保护单位**：每个城市和集镇都需要制订环保计划，有领导机构以及训练有素的环保人员。

- **省级和地方的政府设立规划部**：在日本，规划部隶属于成立于 1974 年的国家土地署，它指导和监控全国土地使用和规划。除此之外，如果能成立一个由最受尊敬的地区领导人组成的强有力的国民顾问委员会，那么各级规划部门的工作将会更加行之有效。

- **为每一个省和市制定一个大胆的、富有想像力的土地使用计划**：这种计划应该服务于土地和资源的未来规划总纲。

- **制定紧急分区法令加强各土地使用计划的实施**：没有实施保障手法的计划是不会行之有效的。在当今日本，几乎没有一个地方的土地利用和分区计划得到了有效的实施。

日本的大都市，比如东京、神户和大阪，已经非常西化了，基本没有了日本的特征。它们可以采用西方的规划手段和城市发展方法。内陆城市，比如京都、日光和仓敷①，在建设上可以东西合璧；而更偏远的城镇和地区则可以保留传统日本乡村特色。

---

① 仓敷：日本本州西南部城市，南临濑户内海；是日本西南部的工业重镇，历史文化名城和旅游城市。

很明显，洁净的空气和水、风景秀丽的乡村、清新的城市不仅符合高水平的国民生产和生活质量的要求，也是人的生活不可或缺的要素。人类所有的建设工作都是为了提高生活质量，高质量的生活曾经是日本几百年来的特征，日本人民有能力也有实力达到目标。

　　现在，全世界的游客都热忱地希望日本人民和政府能行动起来，再次营造他们美丽的岛屿国家。

韩国风景批评与赏析①

如果要求某人就某一宽泛而敏感的主题进行评论，很重要的一点是读者或听者要清楚评论的来龙去脉，也就是说明白评论者的出发点是什么。

接下来我的这些评论完全是出于对当代韩国风景的仰慕和推崇，而不是把美国资源规划当作成功的例子来宣扬效仿，绝非如此。恰恰相反，美国对土地资源的滥用已经臭名远扬，而韩国在这方面却深谋远虑，正在努力避免这样的做法。

美国过去的确在土地和风景规划方面有过一些成功经验：早期哈得逊河流域的和谐发展，门诺教派②合理的农耕方法，密歇根和华盛顿州茂盛的果园，还有富饶的纳帕谷葡萄园。国家公园、国家森林和自然保护区体系的建立。在近代历史上，美国先后产生过一批远见卓识的环境保护思想家，比如梭罗③、约翰·谬尔④、奥多·利奥波德⑤以及蕾切尔·卡逊⑥。然而令人伤心的是，基本上无人理会他们提倡的对土地进行合理利用和管理的理念。

美国的发展建设史充满了剥削、掠夺、污染和浪费。我们毁坏了森林、破坏了山谷，使沼泽干枯、湖泊淤积，毫无章法的城市化吞噬了大量良田。汽车无处不在，甚至穿梭在城市中心广场，公路把本来连成整体的郊区地带生生割裂开来。城市无限制地向周边的乡村扩展，但同时市中心却逐渐荒废。

---

① 原载 Korean Landscape Architecture《韩国风景园林》（1995 年 7 月），英文题目为 A Critique and Appreciation of the Korean National Landscape，作者西蒙兹。本文是作者在 20 世纪 90 年代初赴韩参观后所写。

② 16 世纪起源于荷兰的基督教新派，反对婴儿洗礼、服兵役等，主张衣着朴素、生活节俭，因其创立者门诺·西蒙斯（Menno Simens, 1496~1561）而得名。

③ 梭罗（Henry David Thoreau, 1817~1862）：19 世纪美国最具有世界影响力的作家、哲学家。代表作：《瓦尔登湖》。

④ 约翰·谬尔（John Muir, 1836~1914）：美国最著名也是最有影响的自然主义者和环保主义者，美国国家公园之父。著有《夏日走过山间》。

⑤ 奥多·利奥波德（Aldo Leopold, 1887~1948）：美国伦理学家、环境保护主义理论家。著有自然随笔和哲学论文集《沙郡年鉴》。

⑥ 蕾切尔·卡逊（Rachel Carson, 1907~1964）：美国海洋生物学家，以她的作品《寂静的春天》引发了美国乃至全世界的环境保护事业。

这一切问题的根源何在？毫无疑问源自西方（开拓）思想，即人应该征服自然；土地应作为商品使用、买卖，以获得短期内最大利润；土地所有权意味着无可置疑的使用权。一直到最近几年，随着环境破坏的日益严重，美国民众才开始醒悟到生态发展的重要性，并且采取了相关行动要求立法保护环境。也就是最近，我们才意识到土地和水资源是属于大家的，土地所有权不仅意味着拥有土地的特权，还意味着为了公众利益必须承担的责任。

作为一名环境规划师和教师，能够来到韩国参观，我感到非常激动和高兴，因为在韩国：

- 山林得到了保护，而且郁郁葱葱；
- 河流干净而清澈，注重保护河流天然河岸；
- 公路建造沿着山脊和排水道建造，符合自然地形特征；
- 维护了基本农田的完整性；
- 城、镇的建设发展得到了很好的规划并非常有效。

这样的奇迹如何能发生在快速发展中的韩国呢？毫无疑问，这一切建立在传统的佛教、道教以及禅宗思想对自然的尊崇之上。这也曾经是中国和日本的传统。在不到100年前，这两个国家还是风景如画的，但现在已经完全不是了。疯狂的工业化使得中国和日本的城市发展混乱不堪、污染严重。发展和保护难道一定水火不容吗？事实上并非如此。澳大利亚、新西兰和现在的韩国就是很好的榜样，在这些国家，环境保护和经济发展共生共存，和谐共荣。

指引韩国发展的政策并不新颖，只不过重申了韩国自古以来的价值观。它们强调民族自豪感、坚定的决心和统一的行动，它们显示了韩国人与生俱来对自然的尊重和热爱……他们有理由如此，因为韩国是一个风景秀丽、江山多娇的地方。当然，这些明智的风景规划和发展离不开各级政府的英明领导。

相比于国际标准而言，韩国现行的土地使用准则在很多方面非常先进。这些准则认为：通过规划，人类、人类活动和工程建设（农场、居民区、城市和街道）可以和自然的形式、特征以及自然达到和谐；自然资源、风景资源、历史人文资源以及生态资源（包括高产量的农田）必须不遗余力地进行保护。这些观点实在令人振奋。

随着韩国经济的持续发展和资源消耗压力的逐步增加，必须出台一个完善的国土资源使用政策和相关计划。根据以往的经验，建议如下：

- 建立在韩国尊重自然、热爱大地的传统之上，并且表现这一传统；

- 分类定性、测绘和保护韩国的地形地貌特点，它们包括：历史风景名胜区，天然分水岭及排水道，湖泊、河流及沼泽，整片的农田和乡村；

- 合理配置各种功能场所，比如教育、医疗、政府、商业、生产、农业以及娱乐场所，同时还要考虑相应的服务、住房以及设施供给；

- 对各中心、居民区以及城市的范围给出明确、长期的界限。只有这样，才能保持这些区域的活力，防止破坏性的分散；

- 为全国和各行政区界定开放空间的体系框架，由保护区、保留区以及农田组成，并且包括天然河道以及人工河道；

- 赋予一定的灵活性，以应对时代的变迁、科技的进步和无法预见的可能情况，只提供大致的纲要，留出个性创新的空间；

- 以环境质量标准为前提，给予许可和鼓励，而不是制定大量的禁令；

- 所有发展建设投资和决策必须围绕一个中心：该项目是否符合国家和当地的长期发展目标，以及全体国民现在和将来的利益？

附录 3

美国当代风景园林大师约翰·奥姆斯比·西蒙兹①

约翰·奥姆斯比·西蒙兹（John Ormsbee Simonds），美国现代风景园林的先驱，著名的风景园林师、规划师、生态学家。曾任美国风景园林师协会（ASLA）主席，英国皇家设计研究院研究员，美国总统资源与环境特别工作组成员，美洲社区规划组织顾问等职。西蒙兹一生在著作、设计实践、教育三方面均取得令人羡慕的成就。著名的建筑史学家艾伯特·费因（Albert Feine）称他是"美国受尊敬最广泛的风景园林师"。

1. 生平经历

西蒙兹 1913 年生于美国北达科他州，父亲是基督教长老会牧师。他从小渴望探索自然，常常跟随父亲在辽阔的草原上打猎耕作。1930 年入密歇根州立大学学习风景园林，五年后获学士学位。其间他曾暂时中断学业，到国外游历一年。

1936 年西蒙兹到哈佛大学设计研究生院学习风景园林。在学习期间参与了"哈佛革命"——在格罗皮乌斯，希劳耶等教师影响下，哈佛风景园林学生抛弃巴黎美术学院的旧思路，走向现代主义。三年后西蒙兹获硕士学位毕业，但他觉得对风景园林还缺乏本质的认识。于是与同窗好友柯林斯（Lester A. Collings）结伴，到第一次游历中留下深刻印象的东方学习考察。他们怀着"寻求真理"的虔诚心理，足迹遍及日本、韩国、中国、印度等地。西蒙兹完全被东方文明所倾倒，他醉心于一种与西方截然不同的哲学观与建筑观——"道"与"禅"——他的理解是发掘事物的最高价值，寻求人与自然的协调。历时一年的游历对他后来学术思想的形成产生了深刻影响。

回国后西蒙兹和他的兄弟开设了自己的园林设计施工公司（Simonds & Simonds）。二战后，公司业务从开始的私家花园向公共项目扩展。1953 年，西蒙兹因设计匹兹堡市梅隆广场（Mellon Square）一举成名。这个有"喷泉、鲜

---

① 本文另一版本曾发表在《中国园林》2001 年第 4 期，作者王欣。

花、明亮色彩的都市绿洲" 被誉为现代风景园林改善城市环境的代表作品。

从 20 世纪 30 年代起，经济萧条、草原尘暴、战争骚乱，城市的无序发展等问题深深困扰着美国社会，西蒙兹亲身经历了整个过程，与当时许多学者一样，他一直在思考这些自然社会现象。50 年代后半叶，美国掀起生态运动，以麦克哈戈、哈普林、西蒙兹等为首的风景园林师积极地参与了这一运动；西蒙兹开始 "从土地与使用人关系的角度思考风景园林师的社会责任"。1955～1967年，西蒙兹应邀在卡内基——梅隆大学讲课；1961 年，西蒙兹整理讲课内容，出版了《风景园林学：人类自然环境的形成》一书。此书成为美国现代风景园林史上里程碑式的著作；在书中，他写道："风景园林师的终生目标和工作就是帮助人类，使人、建筑、社区、城市及人的生活同地球和谐相处。"

60 年代，美国经济开始全面繁荣，风景园林也步入一个前所未有的大发展时期。1963～1965 年西蒙兹任美国风景园林师协会（ASLA）主席，1966～1968 年任学会基金会主席；任职期间，他不遗余力地推动风景园林事业的发展。在实践领域，西蒙兹也取得了引人注目的成就，完成了芝加哥植物园，查坦努加——哈密尔顿县环境规划，迈阿密湖新镇规划等一批有影响的作品。在理论方面，于 1968 年综合包括他本人和哈普林在内的八位风景园林师的思想，编成名为《城市快速路》的报告呈交美国交通部，探讨城市交通干道对环境影响及其对策等问题，对美国城市道路的设计产生了很大影响。20 世纪 60 年代，西蒙兹高举改善人类生活环境大旗，率先开拓了一个又一个新的领域，美国风景园林从此走出小圈子，开始进入城市设计、环境规划等新兴领地。1973 年，西蒙兹获美国风景园林师协会最高荣誉奖——ASLA 奖章。

1970 年，西蒙兹将他的公司改名为 "环境规划设计公司"（The Environmental Planning and Design Partnership）即 EPD，这标志着他的研究与实践转向一个更为广阔的天地。此后，西蒙兹与 EPD 公司完成了佛州渔民岛的总体规划，第 66 号州际公路费克斯—艾灵顿段环境改造，圣乔冶岛综合规划，佩立肯湾新社区总体规划等一大批优秀作品，并屡次获得各类奖项；作品主要包括居住区、公路环境、州立公园、区域资源总体规划、滨水景观等方面。1978 年，在总结了六七十年代工作的基础上，发表了《大地景观：环境规划指南》一书，系统全面地阐述了环境规划的内容。

1983 年，西蒙兹从 EPD 公司退休，但仍活跃在风景园林论坛。除担任公司重大项目顾问外，还应邀到世界四十多所高校讲学，发表《韩国风景赏评》等多篇文章，1994 年出版了第三部著作《21 世纪花园城市：创造适宜居住的城市环境》。1999 年，美国风景园林师协会授予他"世纪主席奖"——以嘉奖"他在 20 世纪为美国风景园林及风景园林师协会作出的不可比拟的贡献"。

1999 年，正值美国风景园林师协会（ASLA）成立 100 周年，西蒙兹出版了第四部著作《启迪》。该书专为美国风景园林师协会百年诞辰而发表的，也是由协会出版的唯一纪念专著，作者希望"把该书无偿送给美国风景园林师协会的学生成员"。2005 年 5 月 6 日，西蒙兹以 92 岁高龄在匹兹堡家中与世长辞。

2　设计思想

2.1　改善人居环境

在给笔者的信中，西蒙兹写道："我们都在为改善生活环境这一共同目标而努力。对我而言，除此之外没有更好的方式去奉献我的一生。"他也曾在《风景园林学》中说："计划师工作的目的，简单地说就是为人类创造较好的环境，较好的生活方式。"不难看出，改善人居环境是他的根本职业宗旨。与同时代的丹·克雷等艺术大师不同，西蒙兹更注重解决实际环境问题。由于具有较强的科学性与实用性，西蒙兹的作品在建成后均获得极高的社会评价，这也正是他虽然没有在艺术形式上作出突出的贡献，却能在业界享有崇高声望的主要原因。他强调要通过"规划师、政府、民众的共同努力来解决问题"，建成良好的生活环境，进而形成良好的生活方式。他实事求是的工作作风和严谨有序的工作步骤在《大地景观》一书中得到充分体现。他的许多作品，如芝加哥植物园等都洋溢着理性的光辉。

西蒙兹不仅个人实践着改善人居环境的宗旨，还宣传推广，为风景园林事业的发展作出了卓著的贡献。20 世纪 60 年代，美国公众日益关注环境问题，时任协会主席的西蒙兹积极倡导改善人居环境是风景园林师的社会责任，率先丰富设计作品的科学内涵，抓住时机拓展专业范围。"短短几十年，风景园林师的工作重心从私家庭园转向众多公益项目：包括社区规划、城市更新规划、各级公园规划设计、滨水地区研究和区域资源综合规划"。可以说，今天美国风景园林师拥有如此广阔的工作范围与较大的社会影响力，与以西蒙兹为代表的一代风景园林师的开拓之功是分不开的。

2.2 遵循自然法则

西蒙兹一直强调设计要遵循自然。他提出："计划必须与自然因素相和谐"。分析他的作品可以发现，西蒙兹所说的设计遵循自然其实包含两个方面：一是科学的角度，他发展了麦克哈格从生态学出发，综合多种自然学科，科学利用与保护土地的方法；二是艺术的角度，他从东方文明对自然的态度中汲取知识，把自然看作风景园林艺术美的源泉。

20世纪60年代以来，随着生态环境的恶化，以自然为创作对象的风景园林师受到了更多的挑战，西蒙兹以《大地景观》一书系统全面地回应这些挑战。在书中他综合多种学科知识，提出尊重自然规律，防止生态环境破坏，使人与环境和谐发展的一系列科学原则与方法，有很高的学术和实用价值。

和麦克哈格叠层规划方法相比，西蒙兹对自然的改造与利用更具灵活性与艺术性，这与他青年时期在东方的考察活动是分不开的。他在《启迪》一书中写道："阴阳图暗示，对东方人来说生命本身是一种对人与自然和谐关系的无尽追求"，"中国人认为，所有的人类活动与计划都必须遵从宇宙和地球的自然规律。相应的，园林设计必须对光影的变化，微风的吹拂，暴雨和流水的力量，甚至沿地形和空气流动的能量作出回应。"因此他认为西方现代设计的重大缺陷是"对自然的断然蔑视"，设计者应"重新发现自然，充分现解自然的力量、形式与特征，并把它们应用到适于人类的目的上去"。西蒙兹很强调利用基地原有自然条件来营造美丽的景观，他特别重视基地现状分析，曾在《风景园林学》中用大量篇幅描述一位日本造园师对基地的观察与分析过程。他指出，要"体察物体的根本性质，注意基地最大潜能，并戏剧化地表现出来"。在迈阿密湖新镇规划中，他保留和利用了众多原有湿地，形成别具一格的景观特征。

特别值得一提的是，西蒙兹在这方面给予东方传统风景园林规划设计以很高的评价，一再强调西方或美国"应该向东方学习"。在他给笔者的信中，他赞美道："我几乎全部的风景园林规划观点，都来自中国"。这不由得我们不深深思索。

西蒙兹设计遵循自然法则的独到之处在于把科学性与艺术性完美地结合起来，并进而提高到通过改善环境达到改善生活方式，直至人与自然统一的高度。

他认为，通过规划改善环境的真正含义"不应该仅仅指纠正由于技术与城市发展带来的污染及其灾害。它应该是一个创造的过程，通过这个过程，人与自然的和谐不断演进。在它的最高层次，文明化的生活是一种探索形式，它帮助人类重新发现与自然的统一。"

2.3 强调体验的设计

西蒙兹认为，设计要考虑的根本问题"不是形式、空间与形象，而是体验（experience）"，"真正的设计途径均来自一种体验，即计划仅对人具有意义，计划仍为人而作，其目的是使其感觉方便、合适与愉快，并鼓舞其心灵与灵魂。它是从整体经验中产生最佳关系的创造"。这是西蒙兹的又一个重要学术观点。"体验"在这里被定义为一种综合的空间感觉，以体验为对象的设计隐含了"满足人类全部需求"的设计要求，即不仅要功能合理，还要形式美观，综合形成特定场所氛围。西蒙兹在著作中推荐一种强调体验的设计方法：首先确定该空间应有的体验，再根据引发这种体验的要求来设计空间形象及各要素间的关系。同时，他也建议用体验来检验设计方案的合理性。例如检验一所教堂的设计，可以设想"如果我是一名牧师，当开车经过或驶近教堂时，它是否表现出了那些令我为之奉献一生的精神特质？""以那些典型的未来旁观者、使用者和服务人员的身份，来与项目作一个想像的接触——借助于这种方法，任何项目的功能和建筑与场地的关系都可以得到检验。"

西蒙兹强调体验的设计方法是从使用者出发的设计方法。作为一个较早接受现代主义思想的设计师，他基本还是赞同"形式追随功能"原则的，他曾写道"最怡人的空间是最适于其目的和环境的空间"，但是他又认为"形式追随功能的前提应是美也是功能的一个部分"，西蒙兹回避了形式与功能谁是第一性的争执。他曾引用格罗皮乌斯的话说"永远于分歧中寻求统一"，"分辨其为根本的或为偶然的"。在这里，西蒙兹把一个包含了空间形式与功能，甚至更多内容的词"体验"来作为设计的根本目的，把思考起点从设计者主导转到使用者主导；这是他的哲心独用，也反映了他穷本溯源，寻求统一和讲究实际的设计哲学。也许这正是他的作品，如梅隆广场、渔民度假区不仅形式美观各具特色，而且功能合理广受欢迎的内在原因。

西蒙兹反对冷冰冰的功能主义，反对"几何技巧的演练"，呼吁"可喜的温情和丰富感"，他曾在《风景园林学》中做了大量饱含感情的场景描写，他晚年积极参加"反对僵化几何形式的变革"——后现代主义运动。但他也反对后现代主义后期"扭曲、怪诞"，过分表现自我风格，"完全非功能主义的""景观艺术"。可以说，他走的是一条稳健、大众，致力于解决实际问题的风景园林设计之路。

匹兹堡市梅隆广场

（西蒙兹设计作品，1953 年）

图片选自 *Landscape Architecture：A Manud of Site Planning and Design*

3. 主要作品

3.1 享誉盛名的风景园林理论家

西蒙兹著作甚丰，几十年来不断有新作问世。他的著作被誉为美国风景园林界的"圣经"，其思想影响了整整一代风景园林师，在业内享有崇高的地位。除《启迪》之外，他的主要著作有：

A. 《风景园林学：人类自然环境的形成》①

(Landscape Architecture：The Shaping of Man's Natural Environment)

第一版于 1961 年出版，自第二版后小标题改为"场地规划与设计指南"(A Manud of Site Planning and Design)，1997 年出版第三版。该书由作者在卡内基——梅隆大学授课内容基础上编写而成，曾经是全美 60 多所大学风景园林专业学生的必读教材。全书以风景园林规划设计工作步骤为次序；从基本原则的基地选择到各组成要素的具体设计，从私家花园设计到区域规划，形成一个完整有序的体系。该书总结了作者多年的设计与考察心得，全面阐述对现代风景园林学的认识与思考。

在书中，关于设计与自然环境的问题。西蒙兹认为：设计者应"寻求满足人类的全部需要——他的身体、心理与精神的需要"。人生来渴求自然，设计者应把"自然引入到集中计划区域"。现代设计的重大缺陷是"对自然的断然蔑视"，所以应"重新发现自然，充分理解自然的力量、形式与特征，并把它们用到适于人类的目的上去"。作者的观点是：设计者要尊重自然环境，设计应与自然和谐地组合成一个整体，形成能满足人类身心需求的生活环境与生活方式。关于美，他认为"美也是一种功能"，"是生活的基本需求"。"人本能地寻求和谐"，"美的定义是所见事物各部分显著的和谐关系"。关于设计的本质，他着重提出：设计要考虑的根本问题"不是形式、空间与形象，而是体验（experience）"，"真正的设计途径均来自一种体验，即计划仅对人具有意义，计划仍为人而作，其目的是使其感觉方便、合适与愉快，并鼓舞其心灵与灵魂。它是从整体经验中产生最佳关系的创造"。关于风景园林师的社会责任，他认为"计划师工作的目的，简单地说，就是为人类创造较好的环境，较好的生活方式"。

该书系统全面地阐述了现代风景园林的基本理论和设计方法，标志着美国现代风景园林从实践到理论的完全成熟。在 1999 年世纪回顾中，被权威杂志《风景园林》（美国）评为十大最具影响的风景园林书籍之一。

B. 《大地景观：环境规划指南》② (Earthcape：A Manual of Site Planning

---

① 该书简体中文版为《景观设计学——场地规划与设计手册》，俞孔坚 王志芳等译，中国建筑工业出版社，2000。

② 该书简体中文版为《大地景观：环境规划指南》，程里尧译，中国建筑工业出版社，1990。

and Design)

该书第一版在 1978 年发表，是作者从自然科学、城市规划、政治活动等一系列文献中吸取营养，结合自己丰富的实践经验，从规划角度写成的一本关于如何建设人类美好环境的重要书籍。该书从生态学观点出发，对一系列环境影响因素进行研究；用清晰质朴的语言，从实践角度条文性地列举了环境规划要考虑的问题，提供解决方法，并附以西蒙兹及 EPD 公司实际项目作为范例，有很强的实用性。

在书中，作者在肯定人类文明巨大进步的基础上，对环境破坏表示深重忧虑。他从生态学的角度警告说："我们正急速地走向全球大灾难的顶点"。但同时又以积极的姿态认为"这是具有极大希望的时代"。他希望通过规划师、政府、民众的共同努力，创造较好的生活环境与生活方式。这种生活环境是"将构筑物与人的活动地区构想为与大自然和谐共处"，从而"使我们的生活与大自然的变化过程是协调的"，"我们可以从中找到朴素的生活乐趣"。在书的结尾，西蒙兹强调了通过规划改善环境的真正含义："不应该仅仅指纠正由于技术与城市发展带来的污染及其灾害。它应该是一个创造的过程，通过这个过程，人与自然和谐地不断演进。在它的最高层次，文明化的生活是一种探索形式，它帮助人重新发现与自然的统一"。

20 世纪 60 年代以来，随着生态环境的恶化，以自然材料为创作对象的风景园林师受到了更多的责难与挑战，该书最重要的意义在于风景园林师首次系统全面地回应这些挑战。西蒙兹全面引入生态学观念，把风景园林师的目光扩展到生态系统，直至整个地球；把工作范围扩大到城市和区域环境规划，该书是继麦克哈格《设计结合自然》之后，风景园林师为改善人类生存环境所作的又一重大理论贡献。

C. 《21 世纪花园城市：创造适宜居住的城市环境》① （Garden Cities 21：Creating a Livable Urban Environment）

该书于 1994 年出版。作者在多年从事社区和新镇规划、城市更新设计等工作的基础上，秉承霍华德"花园城市"理论，吸收当代城市规划优秀理论及方

---

① 该书简体中文版为《21 世纪园林城市——创造宜居的城市环境》，刘晓明 赵彩君等译，辽宁科学技术出版社，2005。

法，提出了新的理想城市模式。

西蒙兹把城市看成一个有机体，他分析各组成部分功能特征，分析城市"生长"过程，提出有机联系与协调不同功能，使城市高效发展。他认为，通过有效利用土地与合理组织交通，城市可以形成多样的人性化开放空间。他强调要把城市规划放在"自然的背景上"，保留森林、水体等有价值的自然区域，用"蓝脉"、"绿脉"的形式互相联结，有机融入城市，从而使城市能够"呼吸"，有效改善生活品质。最后他展望：通过规划形成的"21 世纪城市将更具效率，更有活力和更适宜于人居住"。

该书最大的闪光点是面对当代盛行的种种"城市病"，西蒙兹采取了积极的态度，总结过去城市建设经验教训，借鉴各种相关优秀思想，提出高效、健康、有活力的"花园——公园"城市模式。全书继承了作者一贯的写作风格，语言简练平实，内容富具实践指导意义。

3.2 卓有成效的规划设计师

西蒙兹也是一个深具影响的风景园林规划设计师，他难能可贵地跨越了设计与规划的界限，在半个多世纪的工作中，完成了从袖珍公园、广场到社区、新城镇规划、区域资源环境总体规划等 500 多个项目；范围广阔，成果粲然，其中有许多著名作品，主要如下：

A. 匹兹堡梅隆广场

1953 年设计，位于匹兹堡市中心，长宽各 80 米，高出周边街面 3 米，地下部分是大型停车场。广场四周布置了叠落的花台，并用垂直绿化围合空间，遮挡外部视觉干扰。内部布置水池、喷泉、雕塑、花木、坐椅及菱格形铺地。平面以矩形为基本构形母题，不设轴线，形式简洁明朗。由于抬离城市地面，广场避开了车流的喧嚣与干扰，绿树、鲜花、阳光、飞溅的流水与明亮的色彩组成受人欢迎的场所。这座花园广场的出现，"改变了城市的重心，并为标准的沥青水泥城市沙漠创造了清新的绿洲"，成为美国现代风景园林改善城市环境的典型范例。

B. 芝加哥植物园

1964 年设计，总面积约 300 英亩，目的是建成植物园，"在美丽的风景园林环境中，提供全面的园艺教育。"基址是一块废弃地，南部有高速公路，中央

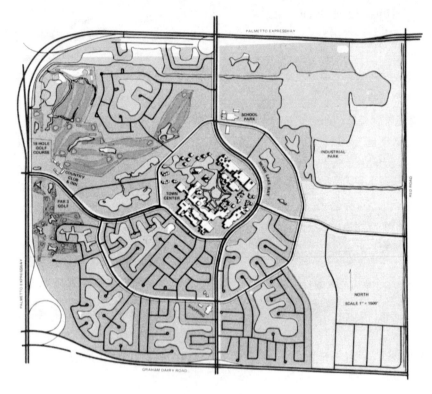

佛罗里达州迈阿密湖新镇规划

（西蒙兹、柯林斯等合作完成，1960 年）

图片选自 *Landscape Architecture: A Manud of Site Planning and Design*

被污水沟穿越，用地很不理想。西蒙兹在详细研究用地现状基础上，进行土地分区。他很小心地保护现有林地；挖湖堆山，遮蔽不良景观；形成湖岛曲折，"不断变化的美丽园林环境"。组织交通，设计有良好风景的园内行车道路。进行污水处理，引入清水形成园内水系。今天，美丽的芝加哥植物园已成为美国废弃地改造利用的经典之作。

C. 迈阿密湖新镇

由西蒙兹与柯林斯等在 1960 年合作完成。位于佛罗里达州南部沼泽地区，与周边城市、旅游区有便捷的交通联系。总面积约 5 平方英里，设计容量约

3500 人，是面向中等及中等以上收入家庭，集工、商、居住、休闲为一体的新城镇。规划遵循了一种后来西蒙兹称为 PCD 的规划原则：即保护（Preserve）迈阿密湖沼泽的生态特征，保留（Conserve）众多湿地，在生态作用相对次要的土地上密集发展（Develop），建设生态新镇。在设计方法上创造性地运用了"有规划的单元开发方法"（PUD）——把基地划分许多个面积约为 10 英亩的单元，在每个单元内根据舒适便利原则自由安排水体、建筑与街道，再将各单元组成有机整体。本规划的又一亮点是交通系统：通过道路分级有效限制车辆，并把机动车道设计成"风景休闲大道"（parkway）——车道两侧有优美的自然风景。

最后形成的规划是：由密集排列的商业区、公共设施、居住公寓塔楼等构成镇中心，周边环绕自由布置的，与环境紧密结合的居住单元；最外圈是紧靠快速路的工业园区与休闲娱乐场地；简捷、安全、美观的交通路线联系各部分；大片精心保护的、富具本地自然气息的开放空间构成良好的生态基底。迈阿密湖新镇集中反映了西蒙兹的城市规划理想，是"花园——公园"城市模式的微缩原型。

主要参考文献

[1] 西蒙兹著，程里饶译. 大地景观：环境规划指南 [M]. 北京：中国建筑工业出版社，1990.

[2] 西蒙兹著，刘晓明，赵彩君，孙晓春译. 21 世纪园林城市：创造宜居的城市环境 [M]. 沈阳：辽宁科学技术出版社，2005.

[3] John Ormsbee Simonds. *Landscape Architecture*：*A Manual of Site Planning and Design* [M]. New York：McGraw-Hill Publishing Company，1997.

[4] John Ormsbee Simonds. *Lessons* [M]. Washington，D. C.：ASLA Press，1999.

[5] John Ormsbee Simonds. Miami Lakes Mew Town [J]. *Parks & Recreation*：1970（10）.

[6] Michael Leccese. Mystical Pragmatist [J]. *Landscape Architecture*，1990（3）.

[7] John Ormsbee Simonds. simonds，John Ormsbee. *Modern Architects* [C]. 编者王欣从西蒙兹处获得的复印资料.

[8] 西蒙兹先生提供的信件、文件等其他相关资料.

西蒙兹与夫人玛嘉丽（摄于 2000 年）

约翰 · 奥姆斯比 · 西蒙兹年谱及主要规划设计作品

1. 年谱

1913 年 3 月 11 日	出生于美国北达科他州詹姆斯顿
1930	入密歇根州立大学学习风景园林
1933~1934	赴亚洲进行为期一年的修学旅行，曾居住于印度尼西亚婆罗洲岛并在亚洲各地旅行
1935	密歇根州立大学毕业，获得风景园林学士学位
1935~1936	在密歇根大海湾参加"民间资源保护队"（Civilian Conservation Corps）
1936~1939	入哈佛大学设计研究生院学习，1939 年获得风景园林硕士学位
1939~1940	与同窗好友柯林斯（Lester A. Collings）结伴赴亚洲旅行
1940	在匹兹堡和兄弟菲利普合作成立 Simonds & Simonds 公司
1941	服务于宾夕法尼亚军事基地建设工作
1943	和玛嘉丽（Marjorie C. Todd）结婚，之后生育 4 个孩子（Taye，Todd，Polly and Leslie）
1945~1960	Simonds & Simonds 公司在战后城市建设复苏阶段完成大量设计项目
1953	匹兹堡市梅隆广场（Mellon Square）建成，被誉为现代风景园林改善城市环境的代表作之一
1955~1967	应邀在卡内基——梅隆大学讲课
1961	出版《风景园林学：人类自然环境的形成》
1963~1965	任美国风景园林师协会主席
1965	任白宫自然美景委员会城市公园和开放空间小组组长
1966~1968	联邦公路管理城市顾问委员会成员，编辑委员会报告《城市中的快速路》

1968~1970	美国总统资源与环境工作小组成员
1970	Simonds & Simonds 公司改名为 EPD：环境规划设计合伙人公司（Environmental Planning and Design Partnership）
1973	获得美国风景园林师协会（ASLA）奖章
1978	出版《大地景观：环境规划指南》
1983	从 EPD 公司退休
1994	出版《21 世纪花园城市：创造适宜居住的城市环境》
1998	出版《风景园林学：场地规划与设计指南》第三版
1999	获得美国风景园林师协会"世纪主席奖"，出版《启迪》
2005 年 5 月 6 日	在匹兹堡家中与世长辞，享年 92 岁

2. 主要规划设计作品

1936	Marquette State Park，Michigan
1939~1955	Site and landscape planning for more than 200 private residences and estates in Pennsylvania, Ohio, Indiana and Michigan
1947~1949	Ten prototype parklets，The city of Pittsburgh
1952	North Allegheny High School and Campus，Allegheny Country，Pennsylvania（with Mitchell and Ritchey）
	Aviary/Conservatory，Pittsburgh（with Button and Mclean）
	Broadhead Manor（public housing community），Pittsburgh（with Mitchell and Retchey）
	Beechwood Park and Swimming Pool，Pittsburgh（with B. Kenneth Johnstone and Associates）
	Greater Pittsburgh Airport（with Joseph Hoover）
	John Kane Hospital，Allegheny County，Pennsylvania（with Mitchell and Ritchey）
	General Medical Hospital，Pittsburgh（with Mitchell and Ritchey）
	North View Heights（public housing community）. Summer

	Hill. Pittsburgh (with Mitchell and Ritchey)
1953	Mellon Square, Pittsburgh (with Mitchell and Ritchey)
	St. Clair Hospital. Allegheny Country. Pennsylvania (with Kuhn. Newcomer and Valentour)
	Lower Hill Redevelopment, Pittsburgh (with Michell and Ritchey)
1954	North Allegheny Elementary School. Allegheny County. Pennsylvania (with Mitchell and Ritchey)
	Fraternities, Carnegie Tech > Pittsburgh (with Lawrence and Anthony Wolfe)
	Civic Auditorium. Pittsburgh (with Mitchell and Ritchey)
	Sewickley Academy, Pennsylvania (with B. Kenneth Johnstone)
1955	Cannon-Mcmillan High School, Cannonsburg, Pennsylvania (with Kuhn, Newcomer and Valentour)
	Improvement Program for the Pittsburgh City Reservoirs
	Seton Hill College Campus, Pennsylvania (with Celli-Flynn)
	United States Army Nike Housing (5 sites), Allegheny County, Pennsylvania
1956	Redeveolopment plan for Rankin, Pennsylvania
	North Triangle Redevelopment. Philadelphia (with Lester A. Collins)
	Clara Barton School, Allegheny Country, Pennsylvania (with Button and McLean)
	Improvements to Fort Meade, Maryland (with Lester A. Collins)
1957	Grandview Park, Pittsburgh
	Equitable Plaza, Pittsburgh (with Schell and Deeter)
	Mt. Lebanon High School Campus and Fields, Mt. Leba-

non. Pennsylvania (with Kuhn, Newcomber and Valentour)

Lockhaven Hospital, Lockhaven, Pennsylvania (with B. Kenneth Johnstone)

1958 Sewickley Heights Estates, Pennsylvania

Development plan for Allegheny College Campus, Meaddville, Pennsylvania

Allegheny Center Redevelopment, Pittsburgh (with Mitchell and Ritchey)

Santee Fill, Annapolis, Pittsburgh (with Lester A. Collins)

Children's Hospital, Pittsburgh (with B. Kenneth Johnstone)

1959 Chautauqua Institution Campus. Chautauqua, New York (with Lester A. Collins)

Allegheny County Regional Park Sustem. Pennsylvania (with Griswold, Winters and Swain, and Ezra Stiles)

1960 Physical Education Complex, University of Pittsburgh (with Mitchell and Ritchey)

Underground Zoo, Pittsburgh (with Lawrence and Anthony Wolfe)

East Hills Housing (Action Housing), Pittsburgh (demonstration Planned Unit Deveilopment project; with Walter Gropius, Josep Lluis Sert, Carl Koch. and B. Kenneth Johnstone)

St. Thomas oh the Fields, Allegheny County. Pennsylvania (with John Pekruhn)

1960 Miami Lakes New Town, miami Lakes, Florida (with Lester A. Collins)

1961 Recreation study for the Kinzua Reservoir. Warren County, Pennsylvania

	Comprehensive plan for Clairton. Pennsylvania
	Pittsburgh Stadium and riverfront Park (with Deeter, ritchey and Sippel)
	Westinghouse Research Center, Pittsburgh (with Deeter, Ritchey and Sippel)
1962	Conceptual plans for Wacker Drive, Chicago (with Barton-Aschman)
	Mount Union Public Housing Community. Pennsylvania (with Curry, Martin and Taylor)
1963	Recreation plan for Twelve Mile Island, Allegheny County, Pennsylvania (project)
1964	Shopping Mall, East Liberty, Pennsylvania
1964	Master plan for Chicago Botanic Garden, Chicago
1965	Allegheny Commons (revised master development plan) . Pittsburgh
	Virginia Outdoor Recreation Study
1966	Comprehensive parks and recreation plan for Baltimore
	Downtomn urban renewal plan for parkersburg, West Virginia
	Founder's square, Louisville, Kentucky (with Lawrence Melillo)
1967	Redevelopment plan for the central area of Mclean, Virginia
	Master plan for the proposed community of Tatoosh, Washington (project)
	Washington Road Shopping Mall, Mt. Lebanon Tomnship, Pennsylvania
1968	Environmental action plan for Chattanooga and Hamilton County, Tennessee
1968	Landscape architecture for the Metropolitan Area Transit

133

Authority, Washington, D. C.

Jacaranda (planned community of 9 square miles) . Broward County, Florida

Model Cities Rehabilitation plan for the mott-Haven district, New York

1969   Center City Redevelopment, Cumberland, Maryland

Multiple use opportunities plan. East-West Freeway. Milwaukee

1970   Domntown urban renewal plan for Huntington, West Virginia

Riverfront, Louisville, Kentucky (with Lawrence Melollo, and Associates)

Transit Expreeway Revenue Line, Allegheny County, Pennsylvania (project; as planning consultant)

Fermont New Town Feasibility Study and Plan, Quebec

1971   Master plan for ohiopyle State Park, Pennsylvania

Development plans for the new community of Saga Bay, Dade County, Florida

Highway illumination concept plan, Virginia Department of Highways (with Hayes, Seay, Mattern and Mattern)

The Springs (new community), Orlando, Florida (witf Nils Sweitzer)

1972   Master plan for Fisfer Island, Dade County, Florida (project)

Opportunity Park and Redevelopment, Akron, Ohio

Cary Arboretum, Duchess County, New York Revised master plan for the Missouri Botanic Garden. St. Louis

Corridor location, design and multiple use opportunities plan. Interstate Highway 110, Pensacola, Florida (with Beiswenger, Hoch and Associates)

	Location alternatives. Leesburg. Virginia Bypass
1973	Space utilization study, Interstate Highways 64 and 77, Charleston, West Virginia
	Development plan for the waterfront, Toledo, Ohio
	Multimodal transportation study for Pennsylvania state park and recreation areas (project)
	Shoreline protection and development program, Lake Ontario, Finger Region, New York
	Environmental improvement study of Highway VA I-66, Fairfax and Arlington Counties, Virginia
1974~1982	Regional Center Development and Master Plan, Wes ton, Florida
1975	Transportation alternatives study, i-66 Corridor, Fairfax and Arlington Counties, Virginia (with Howard, Needless, Tammen and Bergendoff)
1976	Revised master plan and site development, Holden Arboretum, Mentor, Ohio
	Comprehensive plan for St. George Island, Franklin County, Florida
	Development plan for West palm Beach, Florida
	Master plan for West Palm Beach, Florida
	Itt Community Development Corporation 100 square mile land replanning, Florida
1977	Plan for key Island. Napies. Florida
	Campus planning. Pennsylvania State University. University Park
	Pennsylvania National Cemetery. Indiantown Gap (with Burt. Hill and Associates)
	Neville Island Regional Park. Allegheny County. Pennsylvania

	Beachfront. Hollywood. Florida (project)
	Corridor study, Grant Streeet. Pittsburgh (project)
1978	Toledo International Park. Ohio (project)
	Dade County Marina, Florida (project)
	Plan for the Carnegie Mellon University Campus. Pittsburgh (project)
1979~1980	Riverfront Study, Saginaw, Michigan
1980~1981	Waterfront Recreation Study, Lee County, Florida
1981	Blue Ridge Parkway Feeder Link Alternatives. North Carolina
1982	Office and Industrial Park Master Plan, Broward County, Florida
1982~1983	Riverfront Study, Fort Lauderdale, Florida
1984	Las Olas Streetsacape and Trafficway improvements. Fort Lauderdale, Florida
	Development Plans for six new community parks, Collier Conuty, Florida

（以上内容根据西蒙兹先生提供 Contemporary Architects 一书及其他资料中的相关信息编写）

名家评《启迪》①

1. 拜理·W·斯达克（Barry W. Starke）

美国风景园林师协会1999年（ASLA 100周年诞辰）主席

《启迪》是美国风景园林师协会（ASLA）百年诞辰纪念特别出版物，感谢前美国风景园林师协会会员约翰·奥姆斯比·西蒙兹先生，他的友情赠予使此事得以实现。本书是约翰·西蒙兹先生——20世纪风景园林领域最重要的人物之一——集合他平生周游世界之旅的心得体会而写成。

约翰·西蒙兹在各方面均取得了不俗的成就——他是风景园林的开拓者、著名作家、杰出的教育家、模范的社会公仆、美国风景园林师协会会员以及美国风景园林师协会奖章获得者。他的专业领导才能是同时代的人所无法企及的——曾经担任过两届美国风景园林师协会会长，也是风景园林基金会的主要奠基人。

约翰，我们行业（风景园林）理论著作的主要贡献者，把《启迪》形容为他最重要的作品。他献出这本书的惟一条件是要求把该书无偿送给美国风景园林师协会的学生成员。

作为风景园林师，我们都应该赞美前几天约翰告诉我的一个特殊的"启迪"：

"当我还是孩子的时候，担任巡游牧师的父亲对我说：'因为你曾经路过，世界因此变得更加美好，这是非常重要的事。'在为此而努力的过程中，我渐渐发现没有哪份职业能比风景园林师更能实现这个人生目标。"

1999年3月5日

（注：本文为《启迪》英文版序）

2. 伊安·伊·麦克哈格（Ian L. McHarg）

教授、风景园林名著《设计结合自然》的作者

某一天晚上我回到家里，收到了您的书。我斟了一杯红酒，开始阅读。它

---

① 本附录内容来自西蒙兹先生提供的材料。

深深地吸引了我，让我错过了晚饭的时间。饭后我继续阅读，连夜看完您的文字。这真是一本十分出色的著作……

3. 迈克尔·莱赛斯（Michael Leccese）

美国《风景园林》期刊主编

在整个一生中，约翰·西蒙兹不仅游历着世界，而且改造着世界。《启迪》是作者过去意义重大著作的姐妹篇，将会给学习者带来启示，深深影响将来的一代甚至两代人。

4. 查尔斯·伊·特纳（Charles E. Turner）

著名建筑师、规划师

《启迪》让我想起《沙郡年鉴》和梭罗《瓦尔登湖》中的智慧，三者的价值可以相提并论。

5. 希尔维斯特·戴米艾纳斯（Sylvester Damianos）

美国建筑师协会主席

阅读《启迪》，仿佛开始一场精彩的身临其境的旅行……希望读者能和我一样感触良多。

6. 乔尔·库柏伯格（Joel Kuperberg）

著名自然保护主义者

阅读《启迪》是一种最快乐的学习体验。

编译后记

　　结识西蒙兹先生，源于一次冒昧的请求。2000 年，我在北京林业大学攻读硕士研究生，王向荣教授开设的"西方现代景观设计"课程要求每个学生介绍一位 1900 年以后的西方现代风景园林大师。我的硕士导师刘晓明教授推荐约翰·奥姆斯比·西蒙兹，认为"他是美国现代风景园林发展过程中一个非常重要的人物"。那时候互联网信息尚不发达，我在北京图书馆（即后来的国家图书馆）外文资料库翻找了几天之后，颇为失望，除了三本他的专著和一两篇期刊论文，其他信息非常少——有关他的生平、设计作品和业内评价等等几乎是一片空白。无意中在图书馆角落一本积满灰尘的旧书《美国生态学家名录》上发现相同的名字，里面载有详细家庭地址。抱着试试看的心情写了一封信，介绍了自己的情况，并请求提供帮助。

　　这本来就是一次非常冒失的请求，因为重名的人很多不能确定是否真是其人，资料很老也不知道地址是否已经失效，韩国同学又告诉我西蒙兹是一个"大人物"，我更加没抱什么希望了。四个星期后收到回信对我来说真是一个奇迹，在信中，西蒙兹先生不仅一一回答了我的问题，还随信附来不少资料。之后便是书信往来络绎不绝，达到十数次之多，在信中他不仅回答了我的问题，还非常热情地对我的学习提出了建议。我那时候并不清楚西蒙兹先生在美国现代风景园林界的崇高地位，每次写信均提出很多合理和不合理的问题与要求，西蒙兹先生均耐心地给予答复。多年以后我自己也成为了一名高校教师和风景园林硕士研究生导师，每每想起西蒙兹先生身为人师的风范，均为自己有时候面对学生提问的不耐烦和粗鲁态度内疚不已。

　　2001 年 4 月，我在《中国园林》杂志上发表《美国当代风景园林大师——约翰·O·西蒙兹》一文，并配发彩色插图一页，是国内杂志介绍西蒙兹的第一篇论文。此后与西蒙兹先生、他的夫人玛嘉丽女士一直保持较为密切的联系。2002 年 3 月，出于对中国风景园林传统的尊重，也出于对本人的信任，西蒙兹先生把新书"Lessons"的中译文版权无偿交给我，他在信中说道："我之所以要把这个礼物赠送给王欣，是要表彰他献身于通过自己的实际工作和著作，推动人居环境规划设计的事业"——让我倍感荣幸和长者的鞭策。

之后，我开始联系一些出版社出版此书。期间刘晓明教授、王向荣教授曾提供很多帮助。但此时国内学界对西蒙兹先生尚不熟悉，《启迪》篇幅又小，出版社几无利润，要出版此书困难重重。在整个过程中，我的爱人方薇女士是非常重要的——所有措辞得体的英文书信均出自于这位英语语言文学硕士之手，她漂亮的英文口语让接听电话的玛嘉丽女士一再询问是否曾经在英国生活过。然而一直愉快合作的我们俩在当时发生了很多冲突——《启迪》语言简洁文雅，在如何准确翻译某段某句的问题上我们固执己见，相互攻击。2002年，我已经在孟兆祯院士门下攻读博士学位，逐渐进入繁忙的学习和研究阶段。综合诸多因素，出版计划暂时搁浅。2005年5月西蒙兹先生逝世，消息传来，我们内疚不已。本想立即设法出版该书，但此时正值我博士论文答辩关键时刻。

2005年后，我们俩回到浙江林学院工作安家。2007年，我们的学生和朋友潘瑞燕女士在出版界认识很多朋友，热情地代为联系，终于帮助我们和中国建筑工业出版社达成出版意向。期间玛嘉丽女士曾托中国留美学者前来询问出版事宜，我们用书信和托来访美国学者捎口信的方式表达了万分愧疚之意。玛嘉丽女士安慰我们并称"西蒙兹先生无偿赠予中文版权给你们的决定是不会改变的"。

在翻译定稿的过程中，我们再次体会到专业外文书翻译之难——如何才能准确传神地表达出原文的意思，如何使语言风格接近原文并符合国内本学科惯用的表达方式，实在让人绞尽脑汁。还有形形色色的专有名词——人名、地名、动物名、植物名，等等，我们往往要查阅多本字典，并在网络上搜寻各种不同版本的资料，进行比较筛选。有时候在某个专有名词上所花的时间和精力不亚于翻译一整篇文章，但为了不以讹传讹，我们觉得再多的时间和精力都是值得的。

在合同框架内和征得该书英文版版权人同意的基础上，应出版社要求，我们在《启迪》原书末增加了附录部分。根据中国风景园林现状，选择翻译了两篇有较强针对性的西蒙兹先生的论文；增加了对他的介绍文字，他的主要经历和作品列表；便于学习者和研究者更全面地了解这位当代风景园林大师。也附加了一些照片和业界名人对本书的点评，希望读者从多个侧面理解本书内容。

不厌其烦地描述本书出版过程，是因为对我们来说，翻译出版《启迪》真的成了一场人生体验。其中有戏剧性的巧合，短暂的挫折，前辈的高风亮节，同仁的热情帮助，更感受到一种为改善人类环境而热忱工作的理想主义洋溢始终。感谢西蒙兹夫妇给予我们如此宝贵的机会，引导我们参与到一件意义重大的工作之中。感谢玛嘉丽女士的宽容和慈爱。深切缅怀风景园林大师约翰·奥姆斯比·西蒙兹先生！保护自然，通过规划设计使人与自然和谐共荣，这些思想他得之于东方又希望还之于东方——西蒙兹先生的愿望必将在中国实现！

感谢刘晓明教授、王向荣教授、潘瑞燕女士和多位中美学者，他们的帮助让我们有了不断前进的动力。感谢率琦编辑，中国建筑工业出版社领导和工作人员，没有他们的支持，本书是不可能出版的。感谢浙江林学院柳智、柯鑫鑫、刘丽霞、刘瑶、孙力、张馨尹、胡耀丹等同学，他们为本书做了部分初译和文字校对工作。感谢所有关心帮助过本书出版的朋友。

最后感谢购买此书的读者。我想引述约翰·奥姆斯比·西蒙兹先生的话作为本书结尾，与读者共勉：

"风景园林规划设计师工作的目的，简单地说就是为人类创造更好的环境，更好的生活方式"，"我们都在为改善生活环境这一共同目标而努力。对我而言，除此之外没有更好的方式去奉献我的一生"。

王欣

2009 年 8 月写于浙江林学院东湖校区

作者简介

约翰·奥姆斯比·西蒙兹：1913 年出生于北达科他州草原。他从小痴迷于植物、昆虫、走兽、鸟类、天空和云彩，这一切都使他渴望去探索外面的世界。在随后的风景园林学习和工作生涯中，他通过周游世界开阔了视眼。每一次新的奇遇——对他来说，每一天、每一条道路的拐角都有引人入胜的奇遇——都让我们对生活环境和人类有更深的了解。他有着与生俱来的强烈愿望——探寻或帮助创造人与自然的和谐关系。这就是本书的主要内容。

编译者简介

方薇：英语语言文学硕士，浙江农林大学外语学院讲师。

王欣：城市规划与设计（含风景园林规划与设计）博士，浙江农林大学园林学院副教授。